实用农村环境保护知识丛书

村镇非正规垃圾堆放点治理

宋立杰　陈善平　王晓东　赵由才　编著

北　京

冶金工业出版社

2019

内 容 提 要

本书共分 8 章，内容包括绪论、场地调查和风险评估、垃圾堆放点修复技术选择、就地封场修复技术、原位好氧修复技术、异位开采和分质资源化技术、环境管理和修复验收以及修复后场地的再利用开发等。

本书可供环境工程专业技术人员阅读，也可供高等院校相关专业师生参考。

图书在版编目（CIP）数据

村镇非正规垃圾堆放点治理/宋立杰等编著 . —北京：冶金工业出版社，2019. 3

（实用农村环境保护知识丛书）

ISBN 978-7-5024-8034-9

Ⅰ . ①村…　Ⅱ . ①宋…　Ⅲ . ①乡镇—垃圾处理　Ⅳ . ①X799. 305

中国版本图书馆 CIP 数据核字（2019）第 030295 号

出 版 人　谭学余
地　　址　北京市东城区嵩祝院北巷 39 号　邮编　100009　电话　（010）64027926
网　　址　www.cnmip.com.cn　电子信箱　yjcbs@cnmip.com.cn
责任编辑　杨盈园　美术编辑　彭子赫　版式设计　孙跃红
责任校对　王永欣　责任印制　李玉山
ISBN 978-7-5024-8034-9
冶金工业出版社出版发行；各地新华书店经销；三河市双峰印刷装订有限公司印刷
2019 年 3 月第 1 版，2019 年 3 月第 1 次印刷
169mm×239mm；10. 5 印张；206 千字；158 页
44. 00 元
冶金工业出版社　投稿电话　（010）64027932　投稿信箱　tougao@cnmip.com.cn
冶金工业出版社营销中心　电话　（010）64044283　传真　（010）64027893
冶金工业出版社天猫旗舰店　yjgycbs.tmall.com
（本书如有印装质量问题，本社营销中心负责退换）

序　言

据有关统计资料介绍，目前中国大陆有县城 1600 多个：其中建制镇 19000 多个，农场 690 多个，自然村 266 万个（村民委员会所在地的行政村为 56 万个）。去除设市县级城市的人口和村镇人口到城市务工人员的数量，全国生活在村镇的人口超过 8 亿人。长期以来，我国一直主要是农耕社会，农村产生的废水（主要是人禽粪便）和废物（相当于现在的餐厨垃圾）都需要完全回用，但现有农村的环境问题有其特殊性，农村人口密度相对较小，而空间面积足够大，在有限的条件下，这些污染物，实际上确是可循环利用资源。

随着农村居民生活消费水平的提高，各种日用消费品和卫生健康药物等的广泛使用导致农村生活垃圾、污水逐年增加。大量生活垃圾和污水无序丢弃、随意排放或露天堆放，不仅占用土地，破坏景观，而且还传播疾病，污染地下水和地表水，对农村环境造成严重污染，影响环境卫生和居民健康。

生活垃圾、生活污水、病死动物、养殖污染、饮用水、建筑废物、污染土壤、农药污染、化肥污染、生物质、河道整治、土木建筑保护与维护、生活垃圾堆场修复等都是必须重视的农村环境改善和整治问题。为了使农村生活实现现代化，又能够保持干净整洁卫生美丽的基本要求，就必须重视科技进步，通过科技进步，避免或消除现代生活带来的消极影响。

多年来，国内外科技工作者、工程师和企业家们，通过艰苦努力和探索，提出了一系列解决农村环境污染的新技术新方法，并得到广泛应用。

鉴于此，我们组织了全国从事环保相关领域的科研工作者和工程技术人员编写了本套丛书，作者以自身的研发成果和科学技术实践为出发点，广泛借鉴、吸收国内外先进技术发展情况，以污染控制与资源化为两条主线，用完整的叙述体例，清晰的内容，图文并茂，阐述环境保护措施；同时，以工艺设计原理与应用实例相结合，全面系统地总结了我国农村环境保护领域的科技进展和应用技术实践成果，对促进我国农村生态文明建设，改善农村环境，实现城乡一体化，造福农村居民具有重要的实践意义。

赵由才

同济大学环境科学与工程学院

污染控制与资源化研究国家重点实验室

2018 年 8 月

前　　言

　　垃圾治理是农村环境保护工作的重要内容。我国大部分地区的村镇都采用就地简易填埋或露天焚烧等非正规方式处理垃圾。有调查显示，我国未实现垃圾规范化处理的东部地区乡镇占 20.83%，西部地区乡镇和村庄分别占 45.24% 和 50%，东北地区更甚，乡镇和村庄比例高达 87.5% 和 75%。由于缺乏系统的设计和工程措施，非正规垃圾堆放点在污染控制方面十分薄弱，渗滤液污染地下及地表水问题突出，填埋气体无序排放，垃圾自燃、爆炸事故时有发生，已经成为村镇环境治理、统筹城乡一体化发展和全面建设小康社会的重要制约瓶颈。

　　2016 年，按照国务院部署，由住建部、环保部牵头建立了垃圾治理工作部际联席会议制度，重点推进非正规垃圾堆放点排查整治工作，要求各地在 2017 年 6 月底前完成排查工作，到 2020 年底完成集中整治工作。根据 2017 年住建部非正规垃圾堆放点排查整治信息系统，全国有非正规垃圾堆放点 27276 个。

　　本书针对村镇非正规垃圾堆放点环境污染和安全隐患等突出问题，系统全面地阐述了我国非正规垃圾堆放点相关管理政策、场地调查和风险评估、堆场修复技术的选择、就地封场修复技术、原位好氧修复技术、异位开采和分质资源化技术、垃圾堆场环境管理计划、修复工程验收以及修复后场地的再利用开发等，为村镇非正规垃圾堆放点治理提供重要参考。读者包括高等学校师生、高中生、环境工程工程师、职业学校师生、政府和企业技术及管理人员等。

　　参加本书编写的人员有宋立杰（第 1、2、4~7 章），陈善平（第 1

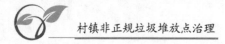

章)，王晓东（第7章），赵由才（第2章），方兴斌（第3章），张汝壮（第4章），林正（第8章）。

本书参考了有关文献资料，在此对文献作者表示感谢。

由于作者水平所限，书中不足之处，恳请读者批评指正。

作者

2018年9月

目 录

1 绪　论

我国农村地区面积广阔，人口众多。根据 2015 年中国国家统计局统计数据，2009 年前我国乡村人口在总人口中占比多于城镇人口。随着城镇化战略推进，城镇人口总数在 2011 年首度超过乡村人口，并呈逐年上升态势，但乡村人口总数仍占总人口数的 45% 以上。

按每人每天大约产生 0.86kg 垃圾计算，农村年产垃圾量高达 3 亿吨，数量巨大。随着政府和社会各界对村镇垃圾问题的日益重视，不少村镇开始进行垃圾收运处理，农村垃圾的管理力度也在逐渐提高。2014 年，我国农村生活垃圾处理率 48.2%，是 2009 年的近 3 倍；有垃圾收集点的村占 64%，也较 2009 年增长了近 1 倍。

但农村地区由于资金相对紧缺，且农户居住分散，垃圾收运成本较高，大部分地区都采用就地简易填埋或露天焚烧等非正规方式来处理垃圾。有调查显示，我国东部地区垃圾不规范化处理的村镇占 20.83%，西部地区村镇垃圾不规范化处理比例分别达到 45.24% 和 50%，东北地区的农村生活垃圾多为不规范化处理，乡镇生活垃圾不规范化处理的比例高达 87.5%，村庄比例为 75%。2017 年 2 月环保部、财政部联合印发的《全国农村环境综合整治"十三五"规划》显示，我国仍有 40% 的建制村垃圾收集处理设施缺失，村镇垃圾污染"脏乱差"问题依然突出，不仅占用大量宝贵的农业用地，还容易滋生病菌，对地下水、土壤甚至大气环境造成污染，严重危及生态环境安全和居民健康。

1.1　基本概念

一般地，将符合《生活垃圾卫生填埋处理工程项目建设标准》的生活垃圾填埋场称为生活垃圾卫生填埋场；相应地，将不符合国家相关政策法规和填埋标准建设的或已停止运行的生活垃圾处理设施称为非正规生活垃圾填埋场、非正规垃圾堆放场（点）或不达标生活垃圾处理设施，也称为存量垃圾场、简易填埋场，还有学者称之为老垃圾填埋场。

堆放或填埋在存量垃圾场中的生活垃圾被称为存量生活垃圾。

非正规垃圾堆放场（点）是由于长期的历史原因形成的。一是我国垃圾处理能力长期低于垃圾的产生量，直到 2012 年，垃圾无害化处理能力才首次超过垃圾的产生量，处理设施相对不足，一些未能进行无害化处理的垃圾就只能进行临时堆放，虽然也是有管理的，但未达到无害化处理水平。二是未与建筑垃圾分开，很多非正规垃圾堆放点都混填有建筑垃圾。

这些非正规垃圾堆放场通常是利用废弃的鱼塘、洼地等来堆填垃圾，没有按照垃圾卫生填埋场建设规范进行完善的边坡、顶部、底部防渗漏设计和建设，也未通过相关政府部门的审批，办理土地用地、规划、立项、环境保护等合法手续，垃圾积存量一般在 200t 以上。由于我国逐年加大垃圾处理工作的力度，加强对垃圾处理无害化、资源化、减量化的落实，审批制度不断严格，标准规范相继出台，设计建设要求不断提高，势必会有许多较早建造的填埋场不符合现行标准，包括许多规模更小的非正规垃圾堆放点。

1.2　生活垃圾堆场的识别

我国由于普遍实行生活垃圾无害化处理技术时间较短，导致因历史原因形成的非正规生活垃圾堆放点、不达标生活垃圾处理设施以及库容饱和的填埋场等存量垃圾治理项目相对较多。据不完全统计，具有一定规模的非正规垃圾填埋场已超过 3000 座。这些非正规垃圾堆放场（点）由于缺少渗滤液收集导排、填埋气体收集导排、封场生态恢复等设施，不仅长期占据土地资源，而且存在较大的环境污染风险，亟待进行修复治理，以实现土地的资源化安全利用。垃圾堆放场（点）具有一定隐蔽性，王光华等人通过对垃圾堆场的调查和资料分析，得出它们一般具有以下特征。

1.2.1　外部特征

1.2.1.1　没有合法的政府批复手续

正规垃圾卫生填埋场在项目可行性研究论证的基础上，经过政府相关部门审核批准后，颁发有批复文件和许可证；而非正规垃圾堆放场既没有项目可行性研究论证，也没有合法的政府批复手续，即使有也是后补的。

1.2.1.2　没有符合国家标准的设计、建设资料

在政府相关部门批复项目许可后，垃圾卫生填埋场使用单位委托有设计资质的设计单位，根据垃圾卫生填埋场的各种需求进行技术设计；在技术设计的基础上，垃圾卫生填埋场使用单位委托有建设资质的建设单位按照技术设计要求进行建设施工。因此，正规垃圾卫生填埋场有完整的设计和建设施工的技术资料及项目工程的监理与验收手续，而非正规垃圾堆放场则没有。

1.2.1.3　没有符合国家环境保护要求的运行管理措施

垃圾卫生填埋场建设完成交付使用后，填埋场管理者按照国家相关的环境保

护政策进行填埋场的运行管理，规范填埋垃圾、处理垃圾渗滤液与填埋气体（甲烷、硫化氢、氨、臭气浓度），对填埋场周边的地下水与填埋气体进行监测，防止二次污染产生；而非正规垃圾堆放场则往往没有二次污染控制措施。

1.2.1.4 没有正规的表面标志

正规垃圾卫生填埋场中排出甲烷气体的导气石笼，有渗滤液导排设施，有作业机械进行填埋，有正规的作业队伍，对填埋场运行进行全面管理；填埋场内环境绿化美化符合技术要求，物资摆放井然有序，基础设施齐全；而非正规垃圾堆放场则没有必要的表面标志。

1.2.2 内在特征

1.2.2.1 没有防渗系统

正规垃圾填埋场是封闭的，与外界是隔绝的。在正规垃圾填埋场内不论边坡还是底部都敷设有天然材料或人工合成材料的衬层，这些衬层将填埋场内的具有高浓度、高污染危险的渗滤液与填埋场外的地下水隔断联系，使地下水水质得到有效的保护。而在非正规的垃圾堆场的边坡和底部，没有按照环境保护要求，敷设隔挡垃圾渗滤液与地下水联系的、起环境保护作用的天然材料或人工合成材料的衬层；也没有按环境保护要求做其他的保护环境措施。

1.2.2.2 垃圾填埋场没有水体在场内上下循环

已经封闭停止使用的正规垃圾填埋场内，由于填埋场边坡和底部的衬层具有隔挡作用，使垃圾填埋场内填埋的有机物产生的渗滤液和大气降水透过填埋场顶部的覆盖土渗入填埋场内的水体，在场内受到垃圾填埋物降解时产生的热量和地面向下 3m 增加 1℃ 的热量影响，场内的水体自成体系在填埋场里进行上下的循环。现场取样发现，覆盖土下面取出的填埋物呈黑色，原来的颜色消失不见，湿度也明显比垃圾堆场大很多。这个现象验证了场内的水体自成体系在填埋场里进行上下的循环，水体携带底部的有机质物质进行循环，使得各部位的填埋物受到底部沉积的有机质物质浸染失去本色与面目。已经封闭的北京北天堂垃圾卫生填埋场和正在运行的北京前芮营垃圾卫生填埋场，还有北京阿苏卫垃圾卫生填埋场与北京三里屯垃圾卫生填埋场都具有上述特征。

由于垃圾堆场内部没有环境保护措施，对边坡、底部没有进行敷设衬层，致使垃圾堆场产生的污染环境的降解物质，随同大气降水一起与地下水直接产生联系，从而使垃圾堆场下游地下水水质受到污染。也就是说，垃圾堆场与周边环境是相通的、敞开的，水体在堆场内部形成不了循环系统。在现场考察的所有封闭的垃圾堆场，可以看到内部的垃圾填埋物依然保持着填埋时的颜色、形状和本质，湿度也小得多。北京房山区田各庄垃圾填埋场、密云县白龙潭垃圾填埋场、石景山区黑石头垃圾填埋场等非正规垃圾填埋场都存在这种情况。

1.2.2.3 垃圾填埋场内的填埋物减速降解

正规垃圾填埋场场内的垃圾填埋物，由于受到垃圾填埋场边坡和底部衬层与顶部覆盖土封闭作用的影响，形成封闭后温度不易散发下降的情况，和场内垃圾填埋物降解过程类似堆肥过程自己产生热量，与垃圾填埋物之间互相置换产生的化学热量，使得场内垃圾填埋物降解速度有所加快。反之，在垃圾堆场内部，没有按环保要求对边坡、底部进行敷设起隔挡作用的衬层，使得非正规垃圾填埋场内部与外部环境相通，在现场观察的情况是，场内的填埋垃圾依然保持着填埋时的状况。这个情况说明在垃圾堆场内部垃圾填埋物降解速度是很缓慢的，与正规垃圾填埋场内部情况对比，显然缺少类似堆肥、增温的助力现象，使场内的垃圾填埋物的降解速度明显比正规垃圾填埋场内的要缓慢得多。

总的来说，垃圾堆场的特点包括以下几个方面：没有项目科学论证材料；没有合法的政府批复手续，没有符合国家标准的设计、建设；没有符合国家环境保护的运行管理；项目既不合规、又不合法。

1.3 非正规生活垃圾堆放场的危害

非正规生活垃圾堆放场（点）的存在，威胁着人们赖以生存的土地、水体和空气，给人们的生存环境造成了极大的损害。由于非正规垃圾堆放场没有防渗措施、覆盖系统、渗滤液和填埋气导排系统，对大气环境、水环境、土壤环境造成污染，还会造成填埋场土地利用与景观、传播疾病等问题（见图1-1）。

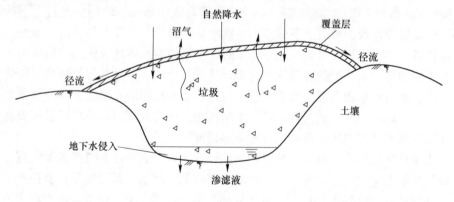

图1-1 非正规垃圾堆放场的污染途径

1.3.1 填埋气污染与安全隐患

垃圾堆场往往没有专门的填埋气体导排或收集系统,给堆场带来很大的安全隐患和环境危害。垃圾填埋后经微生物厌氧分解产生填埋气体(LFG),主要成分为甲烷(30%~40%)和二氧化碳(40%~50%)。大量的填埋气体容易在堆体内不断累积,或在自身浓度和外界压力作用下在垃圾及周围地层中迁移。甲烷是一种无色、无味的易燃易爆气体,当甲烷气体集聚在一个相对有限的半封闭体内,浓度达到5%~15%时,遇到火种就会发生爆炸(其自燃点为538℃);浓度达到40%以上时,遇到火种会迅速燃烧。近十多年来,我国许多垃圾填埋场发生过火灾和爆炸事故。另外,甲烷和二氧化碳都是温室气体,甲烷的温室效应是二氧化碳的26倍。

填埋气中的硫化氢、胺等物质使堆场充满恶臭,影响周边居民的生活。另外,垃圾填埋气还包括许多痕量的有机和无机物质。据估算,痕量气体占垃圾填埋气总量的0.7%以上。据美国的研究报道,氯乙烯和苯这两种已知的人类致癌物在很多没有气体收集的垃圾场填埋场中出现超标。也有报道认为在填埋场附近居住对胎儿发育有不利作用,如与先天畸形、低出生体重有关。

1.3.2 渗滤液污染地下和地表水系

垃圾堆场渗滤液对水质的污染包括对地下水的污染和对地表水的污染。由于很多简易垃圾堆场没有铺设防渗层及渗滤液收集处理系统,垃圾填埋后产生的渗滤液通过不同的迁移方式流入或渗入地表水或地下水,从而对水质造成污染。

垃圾渗滤液是一种成分复杂的高浓度有机废水,渗滤液的性质和产生量受气候、区域降水、垃圾成分、填埋时间、填埋场构造等多种因素影响波动很大。

垃圾渗滤液对水质的污染程度主要取决于其成分特征:(1)有机物浓度高。在渗滤液所含有的77种有机物中,有芳烃29种、烷烃烯烃18种、酸8种、酯4种、醇和酚6种、酮和醛4种、酰胺2种、其他有机物5种。其中,可疑致癌物1种、辅致癌物5种,被列入我国环境优先污染物"黑名单"的有5种以上。这77种有机物仅占渗滤液COD的10%左右。(2)氨氮含量高。(3)磷含量较低。(4)总溶解性固体含量较高。(5)金属离子含量较高。(6)色度较高。(7)水质随填埋时间变化大。一般,堆场的填埋时间愈短、填埋容量愈大,渗滤液的产生量愈大,对水质的污染愈严重。在我国南方、湿热天气持续时间较长、降雨量较大,有利于垃圾中有机物的分解反应,因此,其大量渗滤液产生的时间较集中,对水质的污染也主要集中在垃圾堆场的运行期及封场后的10~20年之内。而在北方气候干燥地区,降雨量小,不利于垃圾中有机物的分解反应,其渗滤液的产生往往比较平均,在垃圾堆场的运行期及封场后的30~50年或更长的时间内，都有稳定数量的渗滤液产生，在遇到气候异常，如连续降雨一段时间，会加速渗滤液的产生。

根据北京市环保局、北京市地勘局地质工程勘察院《北京市生活垃圾填埋场污染风险评价》报告，调研组选择了14处典型垃圾场，建立了28口地下水水质监测井，进行了垃圾场对地下水污染的评价，并将全市垃圾场划分了风险等级，编制了污染风险评价图。报告显示，从对14处垃圾场的污染监测结果看，垃圾场附近地下水均受到不同程度的污染，地下水全部为较差或极差水，且下游地下水污染明显比上游严重，个别地方细菌超标几十倍。被污染的地表水或地下水被植物吸收后，轻者影响植物成长，重者可导致枯萎、死亡，被农作物吸收后可能污染果实，从而间接危害人类健康。被污染的地表水或地下水在被人、畜饮用后，会对其成长和健康产生严重不良影响，不仅可以使动物生病、死亡，还可以诱发或导致人类各种疾病，如呼吸系统疾病、消化系统疾病、神经系统疾病等，甚至包括癌症等恶性肿瘤。

1.3.3 土壤污染

生活垃圾中含有大量的玻璃、电池、塑料制品，它们直接进入土壤，会对土壤环境和农作物生长构成严重威胁。大量不可降解的塑料袋和塑料餐盒被埋入地下，百年之后也难以降解，使垃圾堆放场占用后的土地几乎全部成为废地。

1.3.4 填埋场土地利用与景观问题

堆场还占用了大量的土地资源，并严重破坏景观。随着垃圾量的增加，填埋空间变得越来越稀缺和昂贵。除了渗滤液和生物气问题以外，堆场不受当地居民欢迎的原因有很多：垃圾运输、气味、噪声、害虫、鸟类、垃圾杂物和疾病等，不仅影响周边居民的生活生产，威胁健康，也会使财产贬值。

1.3.5 传播疾病

垃圾堆放场是大量蚊蝇、老鼠、病原体的滋生传播源，潜伏着未知的暴发性时疫的危险。露天堆放的生活垃圾是蚊蝇、老鼠和病原体的理想滋生地，也是暴发时疫的祸根。我国城市生活垃圾传播疾病的情况也时有发生，如1983年贵阳市夏季哈马井和望城坡两个生活垃圾堆放场的临近地区同时发生痢疾流行，经过对附近工厂和居民饮用水取样化验，大肠杆菌超过用水标准770倍以上，含菌量超标2600倍，如此惊人的污染，反映了露天自然堆置、不作处理的生活垃圾造成的严重污染后果。此外，在我国城市常将固体废物筛分后直接施放于农田。由于寄生虫卵等未经杀灭，会通过作物、蔬菜返回人体造成疾病传播。

1.3.6 坍塌和滑坡

填埋作业随意堆填，未采用"分区、分单元"的作业方式，无推铺、压实等作业工序过程。不仅压实密度无法达到设计要求，且随着堆体的不断升高存在坍塌和滑坡等安全隐患。

1.4 非正规垃圾堆放点整治管理

1.4.1 国外情况

为了减轻对环境的破坏和对公众健康造成的威胁，垃圾堆场达到使用年限后应通过有效的封场处理，隔绝污染源，并通过生态恢复和景观设计，使城市中这部分被边缘化的废弃土地重新激活，回归土地的价值并被赋予新的特征，实现生态与经济的双赢。

西方发达国家由于经济发展水平比较高，大型简易垃圾填埋场目前已停止建设，原有简易垃圾填埋场停止使用几年甚至十几年，填埋物已部分稳定化。美国环境保护署在 1998 年对垃圾填埋场封场后的运营和维护工作提出了要求，并重点对封场覆盖系统、渗滤液收集系统、地下水监测系统和气体监测系统等四方面进行了阐述，目的在于阻止或者监测垃圾填埋场有毒有害物质的排放。此外，美国洲际技术和法规委员会于 2006 年出版了《Evaluating, Optimizing, or Ending Post-Closure Careat MSW Landfills BasedonSite-Specific Data Evaluations》，对美国各州垃圾填埋场的封场和封场后的管理程序进行了详细解释，明确了渗滤液、填埋气体、地下水及终覆盖膜等 4 个方面的系统分级评估办法，只有达到相应的级别方可进行开发利用。

美国对简易垃圾填埋修复与综合利用不但有完善的政策体系和经济补贴措施等，同时也能吸引社会力量广泛参与，拥有丰富的工程技术经验。

美国波士顿一占地 40hm² 的简易垃圾填埋场通过合理的设计，目前已建成一个集休闲道路、儿童娱乐、野营、水上公园、科学园、自然学习园地、小型剧院以及各种各样的小型公园的综合性运动、学习和娱乐场所，成为波士顿市最大的环境资源循环利用工程。此外，国外发达国家简易垃圾填埋场封场利用的方式还有建设绿地、树林、高尔夫球场、大型购物中心，以及学校等一些永久性建筑。

在 1962~1996 年 40 多年间加利福尼亚州西科维纳市西科维纳南部地区的居民都生活在由曼谷公司（BKK Corporation）经营的简易垃圾填埋场的巨大阴影中，整个州的垃圾都倾倒在西科维纳南部，期间，很多居民都被迫离开此地。虽然在 1996 年该简易垃圾填埋场关闭，但其隐患依然存在。为此，西科维纳市政府积极作为，无论在资金投入、土地规划和综合管理方面等都给予企业极大的帮助，并引导企业和各方面力量投入到简易垃圾填埋场治理工作中，西科维纳市、美国环保署、加州有毒物质控制部和曼谷公司之间通过进一步沟通和协调，建立对话协议，使政府和企业间目标和利益趋同，从而落实了填埋场修复与综合利用工作，有效实现了土地再利用、增加就业等社会价值。如今成绩斐然，340000平方英尺的土地被改建为商业和娱乐消遣用地，包括 36 万平方英尺的写字楼、18 洞高尔夫球场和 47 英亩的自然栖息保护地与步行小道正处于设计与开发进程中，这一项改建过程给当地带来了 1000 多个就业机会。

1999 年 4 月欧盟的 EU 填埋指南（Council Directive 1999/31EC）生效实施，作为今后欧洲各国填埋处理方式的总体纲要，该指南规定了 1 个总体框架，各国自行制定适合本国国情的法令。该指南第 10 条规定，须保证至少 30 年的填埋场封场后管理费用，这相当于间接规定了封场后的管理期限。

加拿大对于垃圾填埋封场利用的国家层次的法律法规主要是 Regulations：Title 27 Environmental Protection—Division Solid Waste Chapter 3. Criteria for All Waste Management Units, Facilities and Disposal Sites, Subchapter 5. Closure and Post-Closure Maintenance，对一般垃圾填埋场和其他垃圾填埋场的关闭及封场后管理提出了较为详细的指导。该法律中强调垃圾填埋场封场后维护的目的是为了确保填埋场封场后不会释放出可能对公众健康和周边环境造成影响的污染物，同时必须保证建立完整的填埋场封顶覆盖层和环境控制系统。垃圾填埋场封场后维护与监测时间应不少于 30 年。垃圾填埋场封顶覆盖层的保养应与封场后维护计划的要求保持一致，但是必须等整个填埋场的封场工作全部完成后，经过 30 年的连续维护与监测后方可展开。

1.4.2　国内情况

随着城市规模和区域范围的不断发展，以前的许多垃圾填埋场、堆场位置由郊区变为城区，甚至一些垃圾堆场变为住宅用地。旧垃圾填埋场、堆场由于长期污染大气和水体，填埋气体无组织排放存在发生火灾和爆炸的危险，必须进行安全处置。为提高城镇生活垃圾无害化处理水平，减轻垃圾堆场对环境的破坏和对公众健康的威胁，切实改善人居环境，我国已将生活垃圾堆场封场和生态修复提上议事日程。旧垃圾填埋场、堆场生态恢复和污染控制也是全面提高垃圾处理水平面临的重要任务之一。

2016 年 12 月 31 日，国家发改委、住房城乡建设部印发了《"十三五"全国城镇生活垃圾无害化处理设施建设规划》的通知（发改环资〔2016〕2851 号），要求加大存量治理力度。根据"十三五"规划，"十三五"期间我国预计实施存量治理项目 803 个，投资 241.4 亿元（见表 1-1 和图 1-2、图 1-3）。虽然存量治理数量仅为"十二五"期间的 42.67%，但投入不降反升，是"十二五"期间投入的 1.14 倍，平均每个存量治理项目投资为"十二五"期间的 2.68 倍。

表 1-1 我国"十三五"期间存量治理规模

分布		"十二五"期间		"十三五"期间	
		存量治理/座	投资/亿元	存量治理/座	投资/亿元
		1882	211	803	241.4
东部地区	北京	278	20.0	7	102.5
	天津	3	2.3	3	1.0
	河北	41	2.9	22	4.0
	上海	16	9.0	2	0.4
	江苏	38	6.8	17	3.5
	浙江	40	4.5	13	3.9
	福建	62	12.2	0	—
	山东	46	6.9	10	9.0
	广东	82	23.0	51	16.3
	海南	15	7.5	58	—
中部地区	山西	48	6.6	7	—
	安徽	26	5.3	80	17.3
	江西	117	7.7	102	2.7
	河南	68	6.4	55	8.2
	湖北	74	6.9	9	3.5
	湖南	30	0.8	41	7.0
西部地区	内蒙古	47	2.8	19	3.5
	广西	57	4.7	22	3.5
	重庆	74	5.0	8	2.7
	四川	50	4.8	39	4.6
	贵州	90	5.6	10	2.0
	云南	142	11.4	36	5.1
	西藏	0	0	0	0.5
	陕西	73	5.8	20	1.2
	甘肃	39	2.7	51	7.5
	青海	52	1.9	11	2.0
	宁夏	21	2.4	22	3.4
	新疆	16	4.7	11	2.4
	新疆兵团	0	0	0	—
东北三省	辽宁	65	8.3	23	16.2
	吉林	103	11.5	21	5.1
	黑龙江	69	10.6	33	2.4

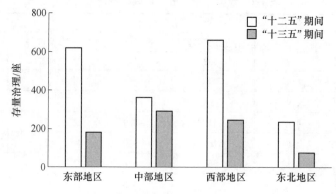

图 1-2 "十三五"期间不同地区的堆场整治数量

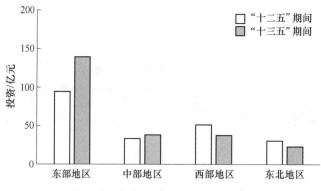

图 1-3 "十三五"期间不同地区的堆场整治投资

1.4.2.1 相关管理规定

国家层面上，非正规垃圾堆放点/场整治政策频发，整治工作稳定推进。2012 年 4 月 19 日，国务院办公厅印发了《关于"十二五"全国城镇生活垃圾无害化处理设施建设规划的通知》，明确"十二五"期间实施存量治理项目 1882 个。其中，不达标生活垃圾处理设施改造项目 503 个，卫生填埋场封场项目 802 个，非正规生活垃圾堆放点治理项目 577 个。《生活垃圾卫生填埋场封场技术规范》（GB 51220—2017）于 2016 年发布，对 2007 年发布的封场标准进行了修订，并从行业标准提升为国标，进一步对卫生填埋场封场进行约束。2016 年 12 月 31 日，国家发改委和住建部印发《"十三五"全国城镇生活垃圾无害化处理设施建设规划》，提出"十三五"期间预计实施存量治理项目 803 个，进一步明确优先水源地、城乡接合部等重点区域的治理工作。2017 年 1 月 6 日，住房城乡建设部办公厅等部门发布《关于做好非正规垃圾堆放点排查工作的通知》（建办村

〔2017〕2号）。2017年9月18日，住房城乡建设部标准定额司关于征求行业标准《老生活垃圾填埋场生态修复技术标准（征求意见稿）》意见的函（建标工征〔2017〕134号）。2018年6月1日，住房城乡建设部、生态环境部、水利部、农业农村部近日印发《关于做好非正规垃圾堆放点排查和整治工作的通知》（建村〔2018〕52号），该文指出，通过初步的排查，中国农村共有非正规垃圾堆放点近3万个，主要为生活垃圾和建筑垃圾非正规堆放点。可以看出通过"十二五"时期的治理，不达标的填埋场和城市非正规生活垃圾堆放点治理取得较大进展，"十三五"时期中国对封场和非正规治理的投入持续加大，未来城市和县城的存量治理将以卫生填埋场封场为主，非正规堆放点治理将从城市和县城向农村延伸。

随着生活垃圾处理设施建设增速放缓，存量垃圾整治成为"十三五"期间改善环境的重要内容。存量垃圾整治包括城市和农村，整治对象多种多样，同时整治方式也各不相同。城市存量垃圾整治对象包括已填满的卫生填埋场、简易填埋场和垃圾堆放点等，其中的垃圾成分主要包括生活垃圾、建筑垃圾和家庭产生的有毒有害垃圾；农村存量垃圾整治对象主要包括垃圾堆放点、河道垃圾点等，其中的垃圾成分复杂，包括生活垃圾、建筑垃圾、农业垃圾、畜禽粪便以及部分有毒有害垃圾。

存量垃圾整治出于不同的目的，可以选择不同的整治方式，对于城市中利用价值较高的土地，可以采用异地清理、挖掘筛分、加速稳定化等措施进行彻底治理，将存量垃圾场的土地释放；对于城市和农村利用价值不高或开发价值不大的土地，可以采用封场治理、无害化改造、持续监测等措施进行治理，在较少的资金投入下，防止存量垃圾污染环境。

在地方层面上，随着我国城市化进程加快，大批原先位于城郊的垃圾堆场逐渐转变为人口聚集区，具有较大的土地再利用潜质，我国少数大城市已将堆场修复提上议事日程并开展修复工作，制定了一些堆场管理和生态修复管理办法，如北京制定《2007年非正规垃圾填埋场治理实事项目工作程序》对项目前期、实施、竣工验收、监管、后期监管和预算报价等内容都作了详细规定；上海市制定了《郊区镇级生活垃圾简易填埋场管理办法》，并于2003年出台了《上海市关于加强本市生活垃圾填埋场、堆场气体安全监测和管理的意见》（沪府办〔2003〕20号），该意见明确指出各区县对辖区内占地3亩以上、堆高或埋深4m以上的生活垃圾填埋场、堆场（包括已封场），要组织相关专业技术部门进行垃圾填埋气体安全检测；南京市也在2009年颁布了《南京市郊区县生活垃圾填埋场管理规定》，要求各郊区县因垃圾处置的需要且经过批准而设置的简易或受控垃圾填埋场也参照此规定执行，对生活垃圾填埋场、堆场的场区内甲烷气体含量达到或接近5%，建（构）筑物内甲烷气体含量达到或接近1.25%的，要及时采取有效的气体防爆措施，严防事故发生。

根据国家要求，为指导非正规垃圾堆放点整治工作，各地纷纷出台了技术指南。例如，2017 年 8 月《安徽省非正规生活垃圾堆放点整治技术指引（试行）》发布；2018 年 8 月《湖北省非正规生活垃圾堆放点整治技术指引（试行）》印发；2018 年 9 月《湖南省非正规垃圾堆放点整治技术指南（试行）》印发。

目前，在我国城市地区，特别是经济比较发达的城市，新建填埋场均采用现代防渗技术的卫生填埋技术。目前很多早期的城市地区的简易生活垃圾填埋场已停止使用或即将停止使用，受经济等方面条件的制约，这些废弃的生活垃圾堆场很大一部分没有采取任何的防止污染措施，对周边环境产生了很大的影响。随着我国经济水平的不断发展，以及人民环保意识的不断增强，对这些污染影响比较大的垃圾堆场必须采取合适的处理措施，防止对周边环境的污染；同时，采取必要的工程措施，对其进行利用。目前，国内一些经济不发达的城市垃圾堆场基本上仍然采用简单的覆土覆盖，还没能完全消除对堆场周边环境的污染；在一些沿海城市和一些经济发达城市，考虑到城市总体环境以及土地资源的紧张，一些能有效防止堆场对周边环境污染的封场和利用措施已经被采用。

1.4.2.2 北京

截至 2008 年底，北京市垃圾积存量在 200t 以上的非正规垃圾填埋场共有 1011 处，这些垃圾填埋场以填埋生活垃圾和建筑垃圾为主，总积存量达 8000 万吨，占地 2 万亩。据了解，北京市这些非正规垃圾填埋场数量众多、分布分散，而且规模较大。而在北京一些近郊地区，有些区几乎每个村落都有非正规垃圾填埋场；在有些远郊区，由于部分乡镇地理位置偏僻，垃圾收集设施落后，很早就形成了非正规垃圾填埋场，由于长时期非正规填埋垃圾，造成了非正规垃圾填埋场规模较大，其中不乏填埋量超过百万吨的大型非正规垃圾填埋场。

近几年来，北京市、区两级财政投入约 50 亿元，对 1011 处非正规垃圾填埋场进行治理，目前治理工作已经基本完成。

A 政府主导

2006 年以来，北京市有关政府部门和科研单位开始关注非正规垃圾填埋场对环境的污染问题，北京市科委与北京市市政市容管理委员会适时启动了非正规垃圾填埋场治理技术的研究工作。

2007 年北京市为进一步提高城乡环境卫生管理水平，制定了《2007 年非正规垃圾填埋场治理实事项目工作程序》。北京市各区县依据市政管委审核后的非正规垃圾填埋场治理方案和项目预算，落实区县配套资金，向北京市市政市容管理委员会申请项目启动资金，组织项目实施。

2007~2011 年北京市堆场修复相关政策见表 1-2。

表 1-2 北京市堆场修复相关政策

年份	政策/专项规划	内　容
2007	《2007 年非正规垃圾填埋场治理实事项目工作程序》	项目前期、实施、竣工验收、监管、后期监管和预算报价
2007	《北京市市政行业推广应用新技术公告》	技术分类框架：第 3 项（环境设施及环境治理技术）第 2 条：非正规垃圾填埋场治理技术
2008	新农村建设折子工程	第 51 项：完成平原地区全部非正规垃圾填埋场的整治工作
2009	《关于全面推进生活垃圾处理工作的意见》	第 13 条：加大投入，优先开展水源保护地等重点地区非正规垃圾填埋场治理和生态修复，用 5~7 年基本完成非正规垃圾填埋场治理
2010	市政府折子工程	第 113 项：加强非正规垃圾填埋场治理
2011	市政府折子工程	第 154 项：继续治理非正规垃圾填埋场

2006~2015 年北京市非正规垃圾堆放点整治进展见表 1-3。

表 1-3 北京市非正规垃圾堆放点整治进展

时间	任　务
2006 年	调查显示，全市有 1011 个非正规垃圾填埋场。按距离水源地远近及污染危害程度，分为 A、B、C 三个等级，其中隐患最大的 A 级有 120 多个，B 级有 179 个。主要分布在城乡接合部，其中顺义、朝阳、怀柔、密云、丰台、大兴等区县较多
2009 年前	C 级非正规垃圾填埋场完成整治
2009 年后	针对污染比较严重的 A、B 级进行深度治理，以消除污染为主要目标，恢复生态环境
2013 年底	还剩 176 处非正规垃圾填埋场，其中约 35% 由于靠近水源地或地下水系等，被列为 A 级
2014 年	将 176 处非正规垃圾填埋场全部纳入治理计划，2014 年将完成治理 100 处
2015 年	完成剩余 76 处非正规垃圾填埋场整治

B　资金投入

2006~2007 年，北京市科委先后拨付了 340 万元科研经费，支持北京市环境卫生设计科学研究所承担"非正规垃圾填埋场治理需求分析与技术选择研究""非正规垃圾填埋场污染现状调查评价与治理技术研究"。2009~2011 年，北京市科委拨付 850 万元的科研经费、北京市市政市容管理委员会配套 1000 万元支持北京市环境卫生设计科学研究所开展"非正规垃圾填埋场治理技术与示范工程"研究，通过大型非正规垃圾填埋场治理示范工程，进一步开展输氧抽气技术适用性及稳定化条件研究，开展陈腐垃圾减量资源化、安全释放被垃圾占用的土地以及土地再利用等研究，最终制定出指导非正规垃圾填埋场治理的技术工程规范、治理验收及后期维护监测标准等。

C　信息化技术

北京市相关研究人员利用北京 1 号卫星（Beijing-1）融合数据，研究了非正规垃圾场的影像特征，建立了非正规垃圾场在小卫星影像上的判读标志，通过人机交互和计算机自动检测方法对北京地区的非正规垃圾场进行了全面的城市填埋场封场土地污染调查、判读分析和变化检测试验研究。相关信息技术在非正规垃圾场动态识别和全方位管理具有很强的操作性，可为构建填埋堆场现状动态管理数据库提供很好的借鉴，实现实时监控和信息化管理。

1.4.2.3　上海

近年来，上海市政府利用财政资金和世行贷款，完成了浦东江镇、青浦赵屯等垃圾堆场生态修复工作，启动了老港 1~3 期、闵行华漕、宝山顾村等大中型堆场生态修复工程。同时，随着城市发展对土地需求的日益迫切，垃圾堆场的后续利用也逐渐纳入了议事日程，给垃圾生态修复和综合利用工作带来了新的机遇。由于受制于政策、资金、土地性质、技术等多种因素，总体来说，上海垃圾堆场生态修复的覆盖面不大，综合利用水平较低，仍有一批堆场存在生态安全隐患，与经济发展水平和市民的要求还有较大差距。

以顾村生活垃圾堆场修复工程为例，顾村堆场占地面积约 177 亩，自 1990 年开始堆填生活垃圾和建筑垃圾，其中建筑垃圾占 40%，居民垃圾占 60%。累计堆放垃圾 450 万车~460 万车吨位，平均堆高达到 20m，于 2003 年 10 月停用，堆场总容量约 180 万立方米。该堆场封场修复方案主要包括对堆场进行标准封场，消除堆场对周边环境的影响；在此基础上，考虑堆场周边养猪场、殡仪馆等现实环境状况，对堆场周边环境较差的土地进行一并征用，与堆场一起进行综合利用，建设一个大型绿地公园，即顾村公园。该堆场的修复对改善整个宝山区的环境状况以及提升宝山区乃至整个上海市的整体形象具有积极的意义。

在防渗与渗滤液处理方面，上海市三林塘垃圾场通过修筑防渗墙至亚黏土层 1m 深，使整个垃圾堆放区形成封闭式的地下防渗帷幕，并在每块场地上做截水沟、集水池，使地上、地下的污水都流进或渗透进入集水池；同时，还可直接用泵抽提渗滤液。

在垃圾堆场修复及利用方面，主要通过垃圾搬迁、加速垃圾稳定化、渗滤液处理、填埋气体处理和植被再生等多种修复技术，将已关闭堆场建设成为公园、绿地等生态设施。如上海市闵行区体育公园就是一个典型的成功案例。其他例如广粤路垃圾堆场于 1987 年关闭后，种植雪松、黑松、白玉兰、棕榈和水松等万余株树；青浦徐泾堆场通过垃圾搬迁、土方回填后建设厂房，现已投入使用；青浦金泽堆场通过覆土、设置导气管和四周开沟渠、设置截污坝等方式，有效控制了环境污染。

在管理对策方面，上海市始终将坚持无害化、减量化、资源化原则，将维护生态环境安全放在工作的重点位置，以改善生活垃圾堆场区域环境、提高堆场废物和土地综合利用率为主线，加大郊区生活垃圾全过程管理力度，加快推进已关闭堆场的环境改善和生态修复工程（见表1-4）。

表 1-4　上海市生活垃圾堆场生态修复与综合利用目标

目标	年限	镇级以上堆场总数	镇级以上堆场生态修复率/%	镇级以上堆场综合利用率/%
近期目标	2015 年内	无	10	10
远期目标	到 2020 年	无	50	50

注：综合利用主要包括①堆场所占土地经修复整治后具备其他功能并加以利用，如作为绿化、景观或建设用地等；②堆场内矿化垃圾再次利用。

1.5　非正规垃圾堆放点整治技术

为贯彻落实《中共中央办公厅　国务院办公厅关于印发〈农村人居环境整治三年行动方案〉的通知》的精神，住房城乡建设部等四部委印发了《关于做好非正规垃圾堆放点排查和整治工作的通知》，要求各地重点整治垃圾山、垃圾围村、垃圾围坝、工业污染"上山下乡"，积极消化存量，严格控制增量，到2020年底基本遏制城镇垃圾、工业固体废物违法违规向农村地区转移问题，基本完成农村地区非正规垃圾堆放点整治。住房城乡建设部、生态环境部、水利部、农业农村部将结合农村人居环境整治3年行动督导评估，组织开展非正规垃圾堆放点整治专项督导，不定期以暗访、异地交叉检查等形式进行现场抽查，利用卫星遥感图片等监控新增非正规垃圾堆放点。将非正规垃圾堆放点整治工作不力、污染突出、社会影响恶劣问题纳入中央环境保护督察范畴。

1.5.1　排查对象和范围

排查对象是城乡垃圾乱堆乱放形成的各类非正规垃圾堆放点及河流（湖泊）和水利枢纽内一定规模的漂浮垃圾。垃圾类型包括生活垃圾、建筑垃圾、一般工业固体废物、危险废物、离田农业生产废弃物。

排查范围覆盖全国所有县（市、区），重点排查区域是城乡接合部、环境敏感区、主要交通干道沿线，以及河流和水利枢纽管理范围。

1.5.2　排查内容和要求

排查陆地、河流和水利枢纽管理范围内的非正规垃圾堆放点，并调查记录规模较大的堆放点信息。其中，以生活垃圾为主要成分的，调查体积在 500m³ 以上的堆放点；以建筑垃圾为主要成分的，调查体积在 5000m³ 以上的堆放点；以一般工业固体废物为主要成分的，调查体积在 500m³ 以上的堆放点；以危险废物为主要成分的，调查堆放重量 3t 以上的堆放点；以离田农业生产废弃物为主要成分的，调查体积在 500m³ 以上的堆放点。填写非正规垃圾堆放点调查表（见表1-5），一个非正规垃圾堆放点对应填写一张调查表，并至少附一张带堆放点位置信息的照片。

表1-5 非正规垃圾堆放点调查表

基本信息	所在位置：_____ 镇（乡、街道）_____ 村或_____ 路_____ 号
堆放位置	离最近居民点距离：□500 米以内；□500 米以上 距离县城距离：□2 公里以内；□2~5 公里；□5~20 公里；□20 公里以上
主要成分 （填写比例占 60%以上 的垃圾成分一项）	□生活垃圾；□建筑垃圾；□农业生产废弃物；□一般工业固废； □采掘业废弃原料；□危险废物，如有请填写种类_____
堆体场地	场地类型：□河塘沟渠（非水利枢纽）及两侧；□交通干道两侧； □农田；□边坡荒地；□废弃工矿场地；□山谷； □水利枢纽管理范围，请填写枢纽名称_____
堆体现状	堆体大小：高（深）度_____ 米；面积_____ 平方米；体积_____ 立方米（注：指垃圾堆体本身大小，不是指堆体所占场地）。 形成年限：□1 年以下；□1~5 年；□5~10 年；□10 年以上
形成原因	□县级有关部门指定堆放；□本乡镇政府指定堆放； □村委会指定堆放；□城镇地区违法违规倾倒；□群众乱丢乱扔； □其他，请填写原因_____
管控情况	清运情况：□定期或不定期外送清运；□从不外送清运 管控现状：□有人员监管；□有摄像头等设施监管；□无人员或监控设施

调查人姓名_____，电话_____

并根据排查结果，建立非正规垃圾堆放点和漂浮垃圾工作台账（见表1-6）。

1.5.3 整治技术

根据排查结果，结合相关法律法规、区域总体规划及土地利用规划、当地政府要求及整治计划，确定整治目标。参考堆放点现状调查及分析结果，合理采用治理技术方案：技术方案应结合当地的实际情况，因地制宜，满足技术、经济、安全、环保各方面的要求。以湖南省农村非正规垃圾堆放点整治为例，整治技术路线选择原则如图1-4所示，同时应符合国家及地方相关标准。

表1-6 非正规垃圾堆放点排查工作台账（以县级为单位）

_____省（自治区、直辖市）_____市（州、盟）_____县（市、区）

项目	序号	编号	具体地址	离县城距离	堆体规模	主要成分	形成年限	形成原因	场地类型	清运情况	管控现状	地质条件	整治时间	整治方案	费用估算	场址用途	调查人及手机	整治责任人及手机
××乡镇																		
××村	1																	
	2																	
	⋮																	
××乡镇																		
××村	1																	
	2																	
	⋮																	
××水利枢纽																		
	1																	
	2																	
	⋮																	

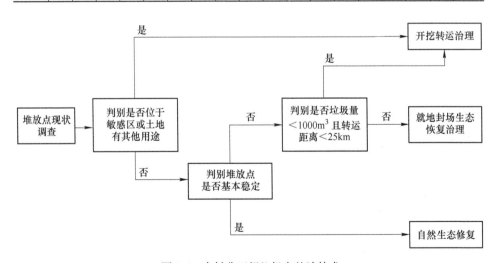

图1-4 农村非正规垃圾点整治技术

场地调查和风险评估

非正规垃圾堆放点或填埋场往往缺少详细的填埋记录，通常也未开展长期有效的环境监测，加上垃圾本身的不均匀性，因此，有必要对其进行调查和风险评估，一是了解和掌握填埋场内部填埋垃圾的稳定性及其对周边环境造成的污染程度；二是了解场地的水文地质情况；三是通过对场地进行详细的工程地质勘查，为制定场地的后期利用规划提供支撑；四是通过场地调查与评估为确定垃圾场修复方案提供准确、完整的场地环境资料，为场地修复提供可靠的基础信息。

2.1 场地调查

调查对象包括垃圾堆体、土壤和地下水，基本内容和程序如图 2-1 所示。

调查工作总体上分为第一阶段调查和第二阶段调查。其中，第二阶段调查又可分为初步调查和详细调查两个阶段。

2.1.1 第一阶段调查

2.1.1.1 资料搜集

A 历史资料

非正规垃圾填埋场的历史形成过程，包括非正规垃圾填埋场的形成时间、垃圾的来源及成分、填埋垃圾量、形成过程中是否发生变迁、目前是否已行封场等；污染物的来源或可能来源；地下水环境中污染物的含量、物理化学性质，地下水赋存状态及地下水系统的特征；土壤中污染物的含量、分布及物理化学性质；非正规垃圾填埋场治理中可能存在的健康危害和安全隐患。

B 地质及水文地质资料

地质及水文地质资料包括垃圾填埋场所在区域地形及地貌、地层、岩性、地质构造，包气带岩性、厚度与结构，含水层分布、岩性、厚度，相对隔水层的岩性、厚度与分布，地下水的补给、径流、排泄条件，地下水水量、水质、水位和水温，地下水可开采资源和地下水水源地分布情况，主要环境地质问题等。此外，应重点关注地下水中污染物的组成及浓度、分布特征、长期变化趋势及区域背景值，尽量收集非正规垃圾填埋场场地水文地质图、剖面图。

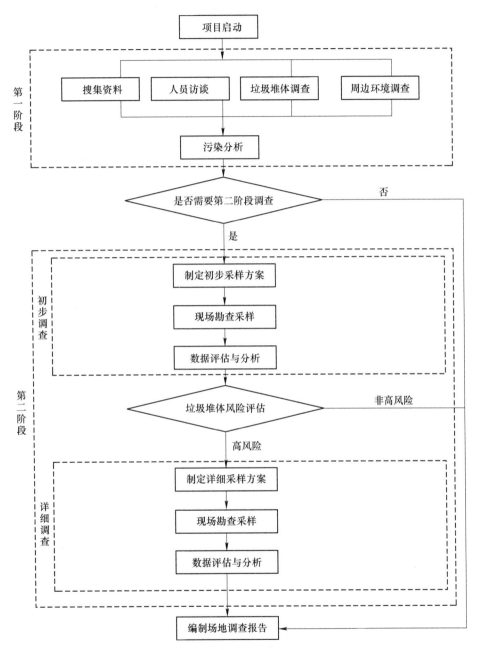

图 2-1 填埋场调查的工作内容和程序

C 气象水文资料

收集当地的气象资料，包括气温、降水、主导风向、平均风速等项内容；区域内地表水系分布状况、各地表水体不同区段的水质分析资料等，重点关注地表水体污染物组成及浓度、分布特征、长期变化趋势及区域背景值。

2.1.1.2　人员访谈

可通过访谈场地业主、附近居民和工作人员、当地环保和国土等部门人员，了解非正规垃圾堆放点的历史和现状情况，见表2-1。

表2-1　人员访谈的内容

对　　象	内　　容
场地业主、相关政府官员、垃圾拾荒者	了解非正规垃圾填埋场形成历史、运营情况、垃圾来源及成分
场地相邻地区居民和工作人员	了解非正规垃圾填埋场场地及周边地区现状及历史土地利用情况
当地环境保护主管部门	了解非正规垃圾填埋场场地过去及现在的环境、公众健康问题和垃圾填埋场造成的区域影响，如周边区域水质、空气污染，噪声及气味影响，视觉影响，已经发生的及感知到的负面影响等
规划、土地等行政主管部门	了解非正规垃圾填埋场场地使用的历史变迁以及未来利用规划等

2.1.1.3　垃圾堆体现场调查

A　垃圾堆体调查

重点调查垃圾来源、性质及组成、堆放深度、堆放时间、占地面积和场地目前使用情况，垃圾压实程度、堆体内垃圾组分和填埋量及其变化、垃圾堆体大小及需要评估的范围。了解垃圾特征并初步判断垃圾场范围、面积、垃圾体量；是否有垃圾渗滤液、垃圾气体产生、收集和处理情况。

B　场区特征调查

调查场地的环境现状及其历史土地变迁情况；调查填埋场区是否位于自然保护区、风景名胜区、水源保护区及其他需要特别保护的区域内；场区及其附近的活动断层及破坏性地震、活动中的坍塌、滑坡及溶洞；冲积扇、漫滩及冲沟等；与机场、居住区等敏感受体的方位关系及距离；非正规垃圾填埋场是否处于社会关注区，如人口密集区、文教区、党政机关集中的办公地点、疗养地、医院等，以及具有历史、文化、科学、民族意义的保护地等；非正规垃圾填埋场是否处于洪泛区和泄洪道、南水北调主线等；上述环境敏感区与垃圾场的距离；调查垃圾堆体底部、侧部渗透性能及防渗处理情况。

2.1.1.4　周边环境条件现场调查

调查垃圾场周边区域的地物、地形地貌、地表水分布等基本情况；调查垃圾场周边地质、水文地质和环境地质条件，包括区域地质条件和构造特征、岩土体的空间分布条件、地下水分布条件、地表水（河流、湖泊及水塘）分布以及其与地下水的水力联系等，地表水、地下水的水质；邻近的水源保护区和环境保护要求；水源开采情况，包括工业、农业及生活饮用水井的数量、位置、深度及取水层位等；农田及其他用途的土地利用情况。

2.1.1.5 污染分析

根据第一阶段文件审核、现场勘查和相关人员访谈掌握的场地信息，分析判断场地受到污染的可能性，具体内容包括根据垃圾填埋场垃圾的来源及成分、堆放时间、现场是否存在渗滤液、垃圾填埋气体，垃圾填埋场周边土地利用现状及历史概况等资料，分析场地是否存在污染及可能存在的污染物种类。

根据场地中垃圾堆放位置、堆放深度、堆放时间、压实程度、堆体内废物的变化、垃圾堆体大小、需要评估的范围、垃圾中污染物特征、现场污染痕迹、污染物的迁移特性、地质与水文地质条件、垃圾堆体底部及侧部的渗透性及防渗处理情况等，分析场地潜在污染区域。

对于所识别的潜在污染场地，初步建立场地概念模型，主要包括垃圾堆体、污染区域、主要污染介质、周边环境保护目标以及可能对场地和周边环境的影响。

根据第一阶段调查资料搜集、交流访谈、现场踏勘以及污染初步分析的结果，判断垃圾堆污染环境的可能性和垃圾堆治理的必要性。对于体量和影响极小的垃圾堆体，一般无需进入第二阶段调查。

2.1.2 第二阶段调查

本阶段调查主要针对环境地质条件等的调查，以采样分析为主，主要目的是确定垃圾堆体范围、规模及垃圾组分，确认垃圾渗滤液和填埋气体的浓度及数量，确认周边区域的污染程度、范围。第二阶段调查又分为初步调查和详细调查两步。

2.1.2.1 调查内容及方法

调查内容包括查明垃圾堆体的大小、范围及体量；查明垃圾堆体底部及侧部的渗透性能及防渗处理情况；探测与识别垃圾堆体的污染物及其浓度；探测与识别土壤和地下水的污染物及其浓度；查明场地地层结构与岩性特征、地下水赋存及补排条件、动态特征、含水层的空间分布特征；确定地下水的流向和流速，查明主径流方向及控制污染物运移的因素，定量描述控制地下水流动和污染物运移的水文地质参数；查明污染物在土壤和地下水系统中的运移特性。

以勘探、采样、现场测试和室内试验为主，结合勘察目的和精度，选择性地采用遥感技术和物探技术,其中勘探方法包括钻探、槽探和井探,采样包括土壤、垃圾土、地下水、渗滤液、地表水采样,现场测试重点针对填埋气进行测试,室内试验包括样品的物理性质及污染特征试验,此外,还可根据需要进行注水、提水等现场水文地质试验。

根据地质及水文地质条件,调查范围可取 $20\sim50\mathrm{km}^2$。其中,水文地质条件复杂、地下水流速较大的地区,调查范围可取较大值;反之可取较小值。

2.1.2.2 环境和地质调查

环境和地质调查的初步调查和详细调查均包括制定采样计划、现场调查采样、数据评估和结果分析等步骤。结合地质勘探的进度,同时进行环境样品采集,可节省大量的人力和物力。同时,在勘察时通过垃圾中相对完整的、具有年代特征的塑料包装、物品等来推断填埋时间,与前期调查结果相互印证。

初步调查是在第一阶段场地前期调查的基础上布设采样点,进行采样分析,初步查明垃圾组分、垃圾堆体分布范围、深度及填埋场附近地层分布和水文地质条件,包括包气带岩性与厚度、含水层分布及岩性、相对隔水层的分布及岩性、地下水的补给排泄条件等,以及填埋场周边土壤及地下水污染物组成及浓度、分布特征,为垃圾堆体风险评估及管理等级划分等提供依据。

初步调查结束后对垃圾堆体进行垃圾危害风险和地下水污染风险分级。根据风险评价结果,对风险较大、危害较高的垃圾堆体进行详细调查;针对该类型垃圾填埋场周边区域,根据污染检测结果,确认是否存在有毒有害化学品等污染,如确定存在污染,开展详细调查工作。详细调查是在初步调查的基础上,进一步加密采样和分析,确定垃圾堆体的分布范围、体量、成分及渗滤液和填埋气体状况等,确定填埋场周边区域污染物的浓度水平、空间分布、迁移状况等详细情况。

2.1.2.3 工作计划

根据前期收集的资料和信息或第一阶段场地环境调查结论制定工作计划,包括制定采样方案、健康和安全、质量保证和质量控制程序等任务。

A 制定采样方案

采样方案一般包括采样目的,拟定的采样位置,现场采样和检测方法,拟定的样品数,采样过程的详细规定,样品收集、处理、保存的要求,分析项目与实验室分析方法,现场质量保证与质量控制程序。

勘察过程中的垃圾土绝大部分属城市固体废物,按其含有物及成分特征,将垃圾土分为生活垃圾、建筑渣土和其他填埋土。

B 初步调查采样布点要求

针对第一阶段初步判断的垃圾堆填范围,初步调查采用网格均匀布置勘探点，勘探点间距在 50～100m，且每个场地不应少于 5 个勘探点，具体布点数量与位置应根据填埋场范围与面积、勘探实施条件等因素综合确定。

场地及其附近应至少设置 3 个地下水监测兼采样点，采样点宜布设在场地地下水上游、下游及污染区域内。为查明地下水流向，3 个地下水采样点宜按三角形布置，采样点具体位置应根据含水层渗透性、地下水水力坡度和污染源、污染物迁移转化等因素确定，潜在污染区域的每个水文地质单元均应布置地下水采样点。其中上游的土壤兼地下水采样点应位于垃圾土分布区域之外，在场地地下水流向上游、初步判断基本不受填埋垃圾影响的区域，面积大于 10 万平方米的场地可酌情增加 1～2 个采样点，用于掌握土壤和地下水环境质量背景状况；垃圾堆填区内至少应布置 1 个土壤兼地下水采样点，用于初步查明垃圾体污染深度；在垃圾场外地下水流向下游方向、判断可能受垃圾体污染影响明显区域布设 1 个采样点，用于初步确定填埋场周边区域污染物类型及污染程度。采样点数量应根据场地水文地质条件复杂程度以及初判的污染深度、范围等具体确定。

简易垃圾堆填场地勘探孔若揭露渗滤液，应设置渗滤液监测点，揭露渗滤液的不同类型垃圾土填埋区域均应设置不少于 1 个渗滤液监测点。

C 详细调查采样布点要求

在初步调查的基础上进行详细调查采样，根据初步调查结果，结合垃圾堆体及场地状况，制定采样方案。垃圾堆体勘探工作先采用系统布点法进行控制性勘探孔的钻探、采样，之后根据勘探结果，选择性进行补充勘探工作；垃圾污染区域根据初步调查结果，依据相关导则要求，采用系统布点法加密布设采样点。

a 控制性勘探孔设置

垃圾堆体勘查首先应从初步判断垃圾分布状况入手，通过控制性钻孔的钻探结果，粗略掌握垃圾土分布情况，控制性钻孔间距的确认要考虑到场地的面积和场地的形状，场地面积与控制性钻孔间距关系见表 2-2，场地形状与布孔原则的关系见表 2-3。

表 2-2　场地面积与控制性钻孔间距数量关系

场地面积/万平方米	<0.5	0.5～5	5～10	>10
控制性钻孔间距/m	10～15	20～25	40～50	50

注：受场地条件限制，非连续型场地按单个场地勘查区面积确定控制性钻孔间距。

表 2-3　场地与布孔原则关系

场地形状	布孔原则
沟谷型、线型	纵向按场地面积确定控制性钻孔间距，横向不少于 3 个钻孔
围绕坑塘边缘少量倾倒型	围绕倾倒边缘，按 10～15m 间距布置控制性钻孔，垂向不少于 3 个钻孔（包括素描孔）
浸泡型、软土型	结合周边勘查孔情况，以调查为主

b　补充确认勘探孔布置

通过分析控制性钻孔基本了解场地情况后，需补充钻孔进一步确定勘查场地边界、垃圾堆体分界及填埋坑的形式，以下情况需要进行补充勘探孔：（1）现场勘查过程中，在无法确定填埋垃圾边界的情况下，需要在填埋垃圾边界处补充勘探孔，以查明填埋垃圾范围。补孔原则为每边至少增加一组勘探孔，场地条件复杂时可适当增加。（2）当相邻的控制性勘探孔发现不同类型的填埋垃圾时，应在相邻控制性勘探孔之间补充勘探孔。补孔原则为在相邻控制性勘探孔孔间距 1/2 处增加一个勘探孔，受场地条件限制时，可依据现场条件适当调整位置。

深度差异处：对于钻孔间距不大于 25m 的控制性勘探孔，若发现相同类型垃圾高差相差大于 3m，或对于钻孔间距大于 25m 的控制性勘探孔，若发现相同类型垃圾高差相差大于 5m，应在控制性勘探孔之间补充勘探孔。补孔原则为在相邻控制性勘探孔孔间距 1/2 处增加一个勘探孔，受场地条件限制时，可依据现场条件适当调整位置。

c　勘探孔深度设置

勘探孔深度应根据场地的地质与水文地质条件、污染物性质、污染路径、污染物运移特征确定。场内勘探孔深度应穿过垃圾层，钻遇天然土层厚度不小于 0.5m，并有一定比例勘探孔深度穿透垃圾土下的稳定含水层，进入相对隔水层不小于 0.5m。场外勘探孔深度宜达到潜水赋存层底板之下 0.5m，在卵砾石潜水含水层地区，勘探孔深度可进入卵砾石层不小于 2m，并有一定比例勘探孔穿透污染源下伏的第一个稳定含水层，达到含水层底板之下 0.5m。

地下水监测井主要应监测可能受垃圾污染的第一个连续含水层，当第二含水层可能被污染且连续分布时，宜同时监测第二含水层，垃圾场内还应监测垃圾体下伏的第一个稳定含水层，监测井深度宜达到含水层底板之下 0.2m，当第一层稳定含水层或其赋水层厚度超过 5m 时，监测井应至少进入含水层 5m 厚度。

渗滤液监测井应进入水面以下不小于 2m。

D　制定检测试验方案

检测与试验包括垃圾危害性、土层物理性质和土壤、地下水污染状况检测试验。检测项目应该包含样品中可能含有的污染物质，一般检测项目应按照第一阶段调查结果设置，但可适当扩大检测项目范围，以减少不确定性。检测以室内检测为主，辅以现场垃圾气体（沼气）含量检测。具体检测项目见表 2-4，检测项目的选择，可针对特定填埋场通过筛查确定代表性检测项目。

表 2-4 检测项目一览

检测分类	检测对象	检测与试验项目
垃圾危害性	垃圾成分	物理成分、有机质、含水率
	垃圾渗滤液	色度、悬浮物（SS）、化学需氧量（COD）、生化需氧量（BOD_5）、总氮、总磷、氨氮、粪大肠菌群、总汞、总镉、总铬、六价铬、总砷、总铅、pH 值 15 项
	垃圾气体	CH_4、CO_2 和 O_2
土壤及地下水污染状况	土壤	pH 值、总有机碳、重金属、石油烃、挥发性有机物和半挥发性有机物
	地下水	pH 值、氨氮、硝酸盐氮、亚硝酸盐氮、氟化物、氰化物、氯化物、溶解性总固体、总有机碳、化学需氧量、生化需氧量、挥发性酚类、铁、锰、重金属、高锰酸盐指数、粪大肠杆菌、细菌总数、硫酸盐、挥发性有机物和半挥发性有机物
土层物理性质	土层	含水率、密度、孔隙比、液限、塑限、水平与垂向渗透系数

2.1.2.4 现场采样

A 采样前的准备

现场调查和采样应准备的材料和设备包括定位仪器、现场探测设备、监测井的建井材料、土壤和地下水取样设备、样品的保存装置、安全防护装备等。

B 现场定位和探测

应根据采样计划，对采样点进行现场定位测量（高程和坐标）。场地采样点定位可采用地物法和仪器测量法，可选择的仪器主要有经纬仪、水准仪、全站仪和高精度的全球定位仪。定位测量完成后，可用树桩、旗帜等器材标志采样点。采用金属探测器和探地雷达等设备探测地下障碍物，确保采样位置避开地下电缆、管线、沟、槽等地下障碍物。

C 钻探要求

现场钻探时使用套管护壁，钻探过程按《场地环境监测技术导则》执行，不得向孔内添加试剂或物品；要求钻探记录对各垃圾土的命名与描述要准确翔实，区分建筑渣土、生活垃圾及其他填埋土，并对含有物成分、大小、质量分数进行详细描述；现场严禁明火作业。

D 采样要求

（1）垃圾样品。勘查中为详细了解生活垃圾、混合垃圾的成分，需对钻探中遇到的生活垃圾、混合垃圾采取有代表性的样品进行室内分析，对现场所有钻探中遇到生活垃圾的钻孔进行取样，要求将同一钻孔内自地表至生活垃圾底板的垃圾土充分混合，装入专用取样袋中，质量不少于 5kg。待现场工作完成后，筛选出 20% 具有典型生活垃圾填埋特征钻孔的垃圾样，送实验室检测，垃圾样不少于 5 个，遇样品数量小于 5 个时，无需筛选，全部送检。

（2）土壤及地下水样品。钻探过程中，每 2m 取 1 个原状土样或扰动样，变层加取；地下水监测井充分洗井后，使用贝勒管采取 1 份地下水样品。

（3）渗滤液。对所有钻探中遇到渗滤液的钻孔均需取样并进行水位测量。

（4）沼气。对钻探中遇到生活垃圾、混合垃圾的钻孔均需进行沼气检测，提取套管过程中，应防止塌孔，同时确保垃圾土中沼气不被套管遮蔽，留存部分套管后封口，现场测试沼气含量；其他钻孔有选择地进行沼气含量检测。

E　采样方法

垃圾取样可采用钻孔取样。土壤取样可采用钻孔采样，也可参考《土壤环境监测技术规范》（HJ/T 166—2004）采样。

监测井的设置包括钻孔、下管、填砾及止水、井台构筑等步骤。监测井所采用的构筑材料不应改变地下水的化学成分；不应采用裸井作为地下水水质监测井。监测井的设置及采样可参考《地下水监测技术规范》（HJ/T 164—2004）进行。

F　样品的保存与运输

应针对不同检测项目选择不同样品保存方式，无机物通常用塑料瓶（袋）收集样品，挥发性和半挥发性有机物宜使用具有聚四氟乙烯密封垫的直口螺口瓶收集样品；应采用冷藏保温箱运输，并在保存时限内运至试验室。

2.1.2.5　数据评估与分析

委托经计量认证合格或国家认可委员会认可的实验室进行样品检测分析。对场地调查信息和检测结果进行整理，评估检测数据的质量，分析数据的有效性和充分性，确定是否需要补充采样分析等；并根据场地内土壤和地下水检测结果，确定场地污染物种类、浓度水平和空间分布，并且绘制表示污染物的水平和垂直分布及迁移的示意图。

2.1.3　初级场地概念模型的建立

根据场地调查结果，建立一个初级场地概念模型。初级场地概念模型的建立步骤如下：（1）描述垃圾堆体中污染物及产生的渗滤液向土壤和地下水泄漏的途径及基本泄漏机制；（2）次级污染源，包含所有可能被初级污染源污染的环境介质，如地表土壤、地下土壤及地下水；（3）污染物迁移规律，描述每种环境介质中的迁移规律；（4）暴露途径，描述化学或物理物质接触某一受体的路径（即摄入、呼吸、皮肤接触等）；（5）潜在受体，包含所有可能接触污染介质的受体。

2.2 风险评估

风险分析的目的在于分析污染物从场区扩散的迁移路径，并评估污染场地土壤和浅层地下水中污染物的不同暴露途径对人体健康带来的风险。风险评估主要关注慢性、长期暴露或急性暴露。若第二阶段环境调查确认污染事实，且周边存在可能的敏感人群，则需要进行风险分析；否则，可不进行风险分析。

非正规垃圾填埋场的风险评估包括垃圾堆体的风险评估和受其影响的污染场地风险评估。

2.2.1 垃圾堆体风险评估

垃圾堆体的风险包括垃圾本身危害性和垃圾对土壤及地下水污染的风险。垃圾危害性风险的影响因素包括有机物含量、填埋时间、填埋规模等；垃圾对地下水污染风险主要由渗滤液从垃圾体侧向地层进入含水层和渗滤液从垃圾体下伏地层进入含水层的可能性决定。

2.2.1.1 风险评价技术路线

根据现场调查与测量、勘察、检测与试验结果，利用层次分析法，对垃圾危害因子和环境风险因子进行分层评价，确定非正规垃圾填埋场垃圾堆体的垃圾危害特性和所在场地环境地质特性，评价填埋场垃圾危害性风险等级和地下水污染风险等级，进行综合污染风险评价。

2.2.1.2 垃圾危害性风险

A　危害影响因素分级
环境污染危害程度影响因素分级及分值见表2-5。

表 2-5　环境污染危害程度影响因素分值

分值	0~2.5	2.5~5.0	5.0~7.5	7.5~10
有机质/%	<5	5~10	10~20	>20
填埋时间/a	>10	5~10	3~5	<3
填埋量/万立方米	<0.5	0.5~5	5~30	>30

B　影响因素权重分析
环境危害影响因素的权重情况见表2-6。

表 2-6　环境危害影响因素权重

影响因素 X	有机质	填埋时间	填埋量
权重 r	0.3	0.2	0.5

C　环境危害程度划分

非正规垃圾填埋场环境危害程度分为高度危害、中度危害和低度危害 3 个级别，见表 2-7。分值计算根据影响因素按式（2-1）计算得出。

表 2-7　非正规垃圾填埋场环境危害程度级别划分

级别	高度危害	中度危害	低度危害
分值	分值≥7.0	3.0≤分值<7.0	分值<3.0

危害程度分值计算：

$$危害程度分值 = \sum_{i=1} r_i X_i \tag{2-1}$$

式中　r——权重系数；

　　　X——影响因素分值。

D　危害程度说明

高度危害型。非正规垃圾填埋场内的填埋物一般生活垃圾比例超过 50%；垃圾中有机物质的含量在 20%以上；填埋场容量超过 50000m³；封场时间不超过 3 年或仍在使用。在实际应用中两个级别之间的垃圾场，还应参照填埋场底埋深情况作出判断：大于 10m，且非正规垃圾填埋场位于平原粗砾砂土层中、或山地裂隙发育破碎的岩石之上、或非正规垃圾填埋场位于断层构造之上应考虑并入高一级别的危害程度。

中度危害型。非正规垃圾填埋场内的填埋物一般生活垃圾比例低于 50%、高于 30%；填埋场容量低于 50000m³、高于 5000m³；封场时间大于 3 年。参照考虑填埋场底部埋深、地质条件等因素，进行危害程度判定。如填埋场底部距离地面小于 10m，位于平原亚砂土、亚黏土层中，或山地裂隙不发育的岩石中或非正规垃圾填埋场距离断层构造大于 100m 以上，使用年代在 20 世纪 80 年代至 90 年代初期等均可作为减轻污染危害程度的参考依据。

低度危害型。非正规垃圾填埋场内的填埋物生活垃圾比例低于 20%；垃圾中有机物质的含量在 10%以下；填埋场容量低于 5000m³；填埋场底部距离地面 5m 以内。如非正规垃圾填埋场位于平原亚黏土、黏土层中，或山地裂隙极不发育的岩石中，或非正规垃圾填埋场距离断层构造大于 500m 以上，使用年代在 20 世纪 80 年代前，也可考虑无污染。

2.2.1.3 垃圾对地下水的污染风险

A 地下水污染风险

以平原区为例，地下水污染风险由污染物进入地下水的可能性和含水系统对污染物的敏感性部分组成，其中污染物进入地下水的可能性又由渗滤液从垃圾体侧向地层进入含水层的可能性、渗滤液从垃圾体下伏地层进入含水层的可能性综合决定。

a 渗滤液从垃圾体侧向地层进入含水层的可能性

渗滤液从垃圾体侧向地层进入含水层的可能性与渗滤液在侧向地层中的迁移能力有关，流体侧向迁移能力主要取决于侧向地层的等效水平渗透系数 K_p。K_p 值越小，渗滤液在侧向地层中越难迁移，进入地下水的可能性越小；反之，K_p 值越大，渗滤液在侧向地层中越容易迁移。

自然界中非均质岩层多是由许多透水性各不相同的薄层相互交替组成的层状岩层，当每一单层的渗透系数（K_i）和含水层厚度（M_i）已知时，可求出等效渗透系数 K_p。

根据 K_p 值将垃圾体侧向地层分 3 类进行评分，（1）$K_p \leqslant 0.02\text{m/d}$，垃圾体侧向地层渗透性差，渗滤液进入地下水的可能性评为 0 分；（2）$K_p \geqslant 2\text{m/d}$，垃圾体侧向地层渗透性好，渗滤液进入地下水的可能性评为 10 分；（3）$0.02\text{m/d} < K_p < 2\text{m/d}$，垃圾体侧向地层渗透性介于前两者之间，渗滤液由"天窗"或破损井管进入地下水的可能性评分分值由线性插值赋为 $10 \times \dfrac{K_p - 0.02}{2 - 0.02}$。

b 渗滤液从垃圾体下伏地层进入含水层的可能性

垃圾体下伏黏性土层透水性和厚度的大小决定着非正规垃圾填埋场产生的渗滤液经过多长时间内进入地下水以及进入地下水后的浓度。黏性土的透水性由垂向渗透系数 K_z 决定，K_z 越大表明透水能力越强，防渗能力越小；反之，K_z 越小表明透水能力越弱，防渗能力越大。黏性土的截污性能主要受其厚度控制，黏性土层越厚，截污能力越强；反之，截污能力越弱。

垃圾体下伏地层中可能存在多层黏性土地层，这些垂向上不连续的黏性土层无论厚薄，均起到一定的阻止污染物进入地下水的作用。本书采用隔污指数（Prevention Index，PI）表征垃圾体下伏包气带中所有黏性土层的隔污能力。

其计算公式为：

$$PI = \sum_{i=1}^{n} \frac{M_i}{M_{\text{eff}}^i} \tag{2-2}$$

式中 M_i——垃圾体下伏包气带中第 i 层黏性土的实际厚度；

M_{eff}^i——垃圾体下伏包气带中第 i 层黏性土的有效隔污厚度。

有效隔污厚度的计算公式为：

$$M_{\text{eff}} = \frac{K_z t^s + \sqrt{(K_z t^s)^2 + 4 K_z t^s H n}}{2n} \tag{2-3}$$

式中 t^s——垃圾体的安全处置期，当渗滤液穿透包气带的历时与其相当时，可认为污染物在包气带地层中得到充分衰减，不会对地下水产生污染；

K_z——黏性土层垂向渗透系数；

H——垃圾体内渗滤液的水头高度；

n——黏性土层的孔隙度。

根据隔污指数 PI 值将垃圾体下伏地层隔污性能分 3 类进行评分：（1）$PI \geqslant 1$，表明垃圾体下伏黏性土层隔污性能非常好，能够充分阻止污染物进入地下水，污染物进入地下水的可能性评为 0 分；（2）$PI = 0$，表明垃圾体下伏地层不存在黏性土层，隔污能力非常差，渗滤液能够很快进入地下水，污染物进入地下水的可能性评为 10 分；（3）$0<PI<1$，表明垃圾体下伏地层存在一定厚度的黏性土层，但尚不能完全阻止污染物进入地下水，垃圾体下伏地层隔污性能介于两者之间，渗滤液污染物进入地下水的可能性评为 $10 \times (1-PI)$ 分。

c 平原区地下水污染可能性计算及权重确定

松散地层分布区地下水污染可能性的主要控制因素为垃圾体下伏包气带黏性土层的厚度及其对渗滤液的阻隔能力。但由于沉积环境的变化常常使得地层在空间上分布不连续，渗滤液有可能从侧向运移进而有可能进入地下水。因此，必须要考虑渗滤液从垃圾体侧向地层进入含水层的可能性。

将渗滤液从垃圾体进入下伏地层可能性的权重赋为 0.7；渗滤液从垃圾体侧向地层进入地下水可能性的权重赋为 0.3。据此计算渗滤液污染物进入垃圾体下伏第一含水层的可能性 P，并根据表 2-8 对 P 进行评价计算。

$$P = 0.3 \times P_1 + 0.7 \times P_2 \tag{2-4}$$

表 2-8 平原区渗滤液污染物进入垃圾体下伏第一含水层可能性计算

要素层	指标层	指标权重	指标分类	评价分值
渗滤液污染物进入垃圾体下伏第一含水层的可能性 P	渗滤液从垃圾体侧向地层进入含水层的可能性 P_1	0.3	$K_p \leqslant 0.02$	0
			$0.02<K_p<2$	$10 \times \dfrac{K_p - 0.02}{2 - 0.02}$
			$K_p \geqslant 2$	10
	渗滤液从垃圾体底部地层进入含水层的可能性 P_2	0.7	$PI \geqslant 1$	0
			$0<PI<1$	$10 \times (1-PI)$
			$PI = 0$	10

注：如果垃圾体受地下水浸泡，垃圾体对地下水污染的风险更大，应当适当提高风险评价分值，区分风险高低。因此，对于间歇浸泡的垃圾体，评分 P 乘以修正系数 1.1；对于持续受浸泡的垃圾体，评分 P 乘以修正系数 1.2。

当不存在可以阻隔和截留污染物的黏性土层，即 $PI=0$ 时，从垃圾体与地下水的接触关系上讲，存在不浸泡、可能浸泡和持续浸泡三种情形。本书对不浸泡、可能浸泡和持续浸泡的定义如下：

（1）不浸泡。调查时未受浸泡，当地下水位达到历史最高点时，仍不受浸泡。

（2）间歇浸泡。调查时未受浸泡，当地下水位达到历史最高点时，将受到浸泡；或调查时受到浸泡，当地下水位达到历史最低点时，将不受浸泡。

（3）持续浸泡。调查时受到浸泡，当地下水位达到历史最低点时，仍将受到浸泡。

平原区渗滤液污染物进入下伏第一含水层可能性分级见表 2-9。

表 2-9　平原区渗滤液污染物进入下伏第一含水层可能性分级

P	$0 \leqslant P < 3.5$	$3.5 \leqslant P < 7.0$	$7.0 \leqslant P < 12$
可能性分级	小	中	大

d　平原区含水层介质敏感性评价

平原区含水层介质敏感性可按表 2-10 评价。

表 2-10　平原区含水层介质敏感性分级

含水层介质	砂砾石、砾卵石等大粒径	细砂、中粗砂	粉土、粉砂
敏感性分级	高	中	低

B　地下水污染风险分级

非正规垃圾填埋场地下水污染风险定义为垃圾体下伏第一含水层地下水遭受非正规垃圾填埋场渗滤液污染的可能性与含水层敏感性的乘积，用 $R=P \times C$ 表示。平原区和山区地下水污染风险可按表 2-11 和表 2-12 进行分级。

表 2-11　平原区地下水污染风险分级

↑	大	中风险	高风险	高风险
污染物进入垃圾体下伏	中	中风险	中风险	高风险
第一含水层的可能	小	低风险	低风险	低风险
含水层敏感性→		低	中	高

对于同为"高风险"的平原区非正规垃圾填埋场，应先按含水层敏感性排序，再按污染物进入垃圾体下伏第一含水层的可能性排序。

对于同为"高风险"的山区非正规垃圾填埋场，应按基岩岩性排序（即高风险的"碳酸岩"优先于高风险的"碎屑岩"），再按裂隙发育程度排序。

表 2-12 山区地下水污染风险分级

↑	大	低风险	高风险	高风险
污染物进入垃圾体下伏	中	低风险	中风险	高风险
基岩含水系统的可能性	小	低风险	低风险	中风险
含水系统敏感性→		低	中	高

2.2.1.4 综合特征风险分级

根据各非正规垃圾填埋场环境风险和污染危害程度的划分，管理等级分为A、B、C三级，见表2-13。

表 2-13 非正规垃圾填埋场风险危害分级

环境危险风险	地下水污染风险		
	风险大	风险中	风险小
高度危害	A	A	B
中度危害	A	B	C
低度危害	B	C	C

（1）管理A级。包括风险大危害高、风险中危害高、风险大危害中三种综合分类的非正规垃圾填埋场。应考虑对非正规垃圾填埋场采取治理或修复措施，同时应建立长期环境监测机制，定期对填埋场周围环境实施监测。

（2）管理B级。包括风险中危害中、风险大危害小、风险小危害低三种综合分类的非正规垃圾填埋场。管理方法应主要考虑采用工程控制与制度控制相结合的方法，如填埋场顶部密闭处理、辅助抽取垃圾渗滤液外运等污染控制方法。

（3）管理C级。包括风险小危害中、风险中危害小、风险小危害小三种综合分类的非正规垃圾填埋场。管理方法应考虑工程控制措施，如覆盖导流绿化的治理方法。

2.2.2 污染土壤和地下水的风险评估

2.2.2.1 风险评估工作程序

A 工作程序

工作程序可分为危害识别、暴露评估、毒性评估、风险表征。

a 危害识别

根据场地环境调查获取的资料，结合场地土地的规划利用方式，确定污染场地的关注污染物、场地内污染物的空间分布和可能的敏感受体，如儿童、成人、地下水体等。

b 暴露评估

分析场地土壤中关注污染物进入并危害敏感受体的情景，确定场地土壤污染物对敏感人群的暴露途径，确定污染物在环境介质中的迁移模型和敏感人群的暴露模型，确定与场地污染状况、土壤性质、地下水特征、敏感人群和关注污染物性质等相关的模型参数值，计算敏感人群摄入来自土壤和地下水的污染物所对应的土壤和地下水的暴露量。

c 毒性评估

分析关注污染物对人体健康的危害效应，包括致癌效应和非致癌效应，确定与关注污染物相关的毒性参数，包括参考剂量、参考浓度、致癌斜率因子和单位致癌因子等。

d 风险表征

在暴露评估和毒性评估的工作基础上，采用风险评估模型计算单一污染物经单一暴露途径的风险值、单一污染物经所有暴露途径的风险值、所有污染物经所有暴露途径的风险值；进行不确定性分析，包括对关注污染物经不同暴露途径产生健康风险的贡献率和关键参数取值的敏感性分析；根据需要进行风险的空间表征。

B 场地概念模型

污染物、暴露途径和受体三者结合存在时，被称为污染物联动系统。如果存在多个污染物联动系统，那么其中每一个都需要被单独识别、理解和处理。一般来讲要以概念模型的方式对其进行合理化。建立一套用于风险评估的场地概念模型包括以下工作内容：确定场地主要污染源和污染源浓度；根据污染场地未来用地规划，分析和确定未来受污染场地影响的人群；根据污染物及环境介质的特性，分析污染物在环境介质中的迁移和转化；根据未来人群的活动规律和污染在环境介质中的迁移规律，分析和确定未来人群接触或摄入污染物的方式。

C 风险可接受水平

不同国家因为自然环境、经济、社会发展阶段等因素存在较大的差异，所制定的土壤和地下水标准值也有明显的差异。风险可接受水平是指一定条件下人们可以接受的健康风险水平。致癌风险水平以场地土壤、地下水中污染物可能引起的癌症发生概率来衡量，非致癌危害熵以场地土壤和地下水中污染物浓度超过污染可容许接受浓度的倍数来衡量。加拿大环保署设定单个污染物的致癌风险可接受水平在 $10^{-4} \sim 10^{-7}$ 之间；美国环保署也采用 $10^{-4} \sim 10^{-7}$ 的风险可接受水平作为超级基金项目的修复目标，10^{-4} 为可接受致癌风险水平的临界值，即决定是否需要进一步采取修复行动。风险可接受水平直接影响污染场地的修复成本，在进行风险评估时，可结合各地区社会与经济发展水平选择合适的风险水平，并应得到当地环境保护主管部门的确认。

2.2.2.2　危害识别

危害识别的目的是确定污染物是否通过环境介质对人体健康造成了某种程度的危害。危害识别包括识别潜在的危害种类和危害风险程度。

危害识别应根据场地环境调查获取的资料，结合场地土地的规划利用方式，确定污染场地的关注污染物、场地内污染物的空间分布和可能的敏感受体，如儿童、成人、地下水体等。危害识别应识别关注污染物和潜在关注污染物的浓度，并将关注污染物与国家或地方筛选值进行对比；分析场地水文地质条件、污染源和污染物的迁移转化从而建立一套初步的场地概念模型。概念模型应在进一步的暴露评估和风险评价中不断完善和修订。

2.2.2.3　暴露评估

暴露评估的目的是分析场地土壤中关注污染物进入并危害敏感受体的情景，确定场地土壤污染物对敏感人群的暴露途径，确定污染物在环境介质中的迁移模型和敏感人群的暴露模型，确定与场地污染状况、土壤性质、地下水特征、敏感人群和关注污染物性质等相关的模型参数值，计算敏感人群摄入来自土壤和地下水的污染物所对应的土壤和地下水的暴露量。利用计算所得的暴露量和污染物毒性参数来确定潜在风险。

美国环保署定义暴露为生物和化学介质之间的接触。暴露评估包括对一系列暴露参数的确定，如暴露频率、暴露时间、土壤摄入量、人体相关参数等。一般情况下，风险评估要求同时考虑当下和未来潜在的暴露风险。暴露评估分为以下三步进行。

A　暴露特征

评估包括对场地特征和场地内及场地周边暴露人群特征的评估。场地的特征评估包括气候、植被、地下水和地表水；暴露人群的特征评估包括人群的活动性质、人群与污染场地的距离和潜在的暴露人群等。需要注意的是，这一阶段的评估既要考虑当下的受体人群，也要考虑未来场地用途改变后潜在的受体人群。

B　暴露途径

暴露途径是指场地上土壤和地下水中污染物经一定的方式迁移达到并进入人体的过程。

污染途径的确认应根据污染源、关注污染物的释放源和种类、污染物迁移途径、受体人群和其接触污染物的方式，确定每一个途径的暴露点（受体接触关注污染物的介质）和接触方式（人体接触或摄入污染物的方式，如呼吸吸入、经口摄入等）。场地污染土壤的暴露途径包括经口摄入污染土壤、皮肤直接接触污染土壤、吸入土壤颗粒物、吸入室外土壤挥发气体、吸入室内土壤挥发气体；场地污染地下水的暴露途径包括吸入室外地下水挥发气体、吸入室内地下水挥发气体、饮用地下水。

C　暴露参数和迁移模型

确定每一种暴露途径的暴露强度、暴露频率、暴露时间、土壤摄入量、人体相关参数等。

一般分两步进行：（1）暴露点浓度计算；（2）摄入量计算。

a　暴露点浓度计算

场地污染源和暴露点不在同一位置时，应采用相关迁移模型确定暴露点污染物浓度。场地污染物迁移模型一般包括表层土壤中污染物挥发（VFss）、表层土壤扬尘（PEF）、深层土壤中污染物挥发至室外（VFsamb）、深层土壤中污染物挥发至室内（VFsesp）、地下水中污染物挥发至室外（VFwamb）、地下水中污染物挥发至室内（VFwesp）、土壤中污染物淋溶到地下水（LF）。

b　摄入量计算

确定每一个暴露途径中化学物质的暴露量，单位为每天每千克人体体重接触的污染物质量，也称为"摄入量"。化学物质的摄入量可通过土壤中污染物浓度、暴露频率、暴露年限、土壤摄入量、体重、平均作用时间等相关参数计算得出，这些参数会随具体的场地情况和暴露人群的特征而变化。

经口摄入污染土壤：

$$I_{\text{ingest-soil}} = \frac{CS \times EF \times IR_{\text{s}} \times RBAF \times 10^{-6}}{BW \times AT \times 365} \tag{2-5}$$

式中　$I_{\text{ingest-soil}}$——直接摄入土壤中污染物量，mg/kg/d；

　　　CS——土壤中化学物质浓度，mg/kg；

　　　EF——暴露频率，d/a；

　　$RBAF$——生物有效系数；

　　　IR_{s}——土壤摄入量，kg/d；

　　　BW——体重，kg；

　　　AT——平均作用时间（对致癌物质是指整个生命周期，对非致癌物质是指暴露周期）。

皮肤直接接触污染土壤：

$$I_{\text{dermal}} = \frac{CS \times EF \times ED \times SA \times M \times RAF_{\text{d}} \times 10^{-6}}{BW \times AT \times 365} \tag{2-6}$$

式中　ED——暴露年限，a；

　　　SA——可能接触土壤的皮肤面积，cm²；

　　　M——皮肤附着土壤因子，mg/cm²；

RAF_d——吸收系数，$RAF_d = ABS_d / ABS_{GI}$，ABS_d 为皮肤吸收率，ABS_{GI} 为肠胃吸收因子。

吸入土壤颗粒物：

$$I_{inhal\text{-}dust} = \frac{CS \times EF \times ED \times PEF}{AT \times 365} \qquad (2\text{-}7)$$

式中　PEF——土壤尘产生因子，（mg/m³ 空气）/（mg/kg 土壤）。

吸入室外土壤挥发性物：

$$I_{ss\text{-}inhal\text{-}outdoor} = \frac{CS \times EF \times ED \times VF_{st}}{AT \times 365} \qquad (2\text{-}8)$$

式中　VF_{st}——表层土壤中污染物至室外空气挥发因子，（mg/m³ 空气）/（mg/kg 土壤）。

吸入室内土壤挥发性物质：

$$I_{ss\text{-}inhal\text{-}indoor} = \frac{CS \times EF \times ED \times VF_{ssasp}}{AT \times 365} \qquad (2\text{-}9)$$

式中　VF_{ssasp}——表层土壤中污染物至室内空气挥发因子，（mg/m³ 空气）/（mg/kg 土壤）。

吸入室外土壤挥发性物质：

$$I_{s\text{-}inhal\text{-}outdoor} = \frac{CS \times EF \times ED \times VF_{samb}}{AT \times 365} \qquad (2\text{-}10)$$

式中　VF_{samb}——深层土壤中污染物至室外空气挥发因子，（mg/m³ 空气）/（mg/kg 土壤）。

吸入室内土壤挥发性物质：

$$I_{s\text{-}inhal\text{-}indoor} = \frac{CS \times EF \times ED \times VF_{sasp}}{AT \times 365} \qquad (2\text{-}11)$$

式中　VF_{sasp}——深层土壤中污染物至室内空气挥发因子，（mg/m³ 空气）/（mg/kg 土壤）。

深层土壤中污染物淋溶到地下水饮用：

$$I_{s\text{-}GW} = \frac{CS \times EF \times ED \times IR_w \times LF}{BW \times AT \times 365} \qquad (2\text{-}12)$$

式中　IR_w——每日饮水量，L/d；

　　　LF——土壤-地下水淋溶因子，（mg/L 水）/（mg/kg 土壤）。

吸入室外地下水挥发性物质：

$$I_{w\text{-}inhal\text{-}outdoor} = \frac{CS \times EF \times ED \times VF_{wamb}}{AT \times 365} \qquad (2\text{-}13)$$

式中　VF_{wamb}——地下水中污染物至室外空气挥发因子，（mg/m³ 空气）/（mg/kg 水）。

吸入室内地下水挥发性物质：

$$I_{\text{w-inhal-indoor}} = \frac{CS \times EF \times ED \times VF_{\text{wesp}}}{AT \times 365}$$ (2-14)

式中　VF_{wesp}——地下水中污染物至室内空气挥发因子，（mg/m³ 空气）/（mg/kg 水）。

饮用地下水：

$$I_{\text{GW}} = \frac{CS \times EF \times ED \times IR_{\text{w}}}{BW \times AT \times 365}$$ (2-15)

2.2.2.4　毒性评估

毒性评估工作内容包括分析关注污染物的理化性质、污染物经不同途径对人体的健康危害性质（致癌和非致癌效应），确定污染物的毒性参数值。污染物毒性常用污染物质对人体产生的不良效应，以剂量-反应关系表示。对于非致癌物质，如神经毒性、免疫毒性和发育毒性等物质，通常认为存在阈值现象，即低于该值就不会产生可观察到的不良反应。对于致癌和致突变物质，一般认为无阈值现象，即任意剂量的暴露均可产生负面健康效应。毒性参数包括计算非致癌风险的慢性参考剂量（非挥发性有机污染物）和参考浓度（挥发性有机污染物）；计算致癌风险的致癌斜率（非挥发性有机污染物）和致癌风险参考浓度（挥发性有机污染物）。

事实上，美国环保署和国际上其他一些组织已经对很多种化学物质进行了毒性评估，并公开了评估结果。表 2-14 列举了四个比较权威的毒性参数数据库。

表 2-14　毒性参数数据库

数　据　库	描　　述
综合风险信息系统（Integrated Risk Information System，IRIS）	IRIS 系统每月进行更新，提供已经过核准的污染物的参考剂量和斜率因子等数据信息，该系统的数据相对准确可靠
健康影响评估一览表（Health Effects Assessment Summary Tables，HEAST）	HEAST 系统每季度进行更新，仅提供 IRIS 系统中没有涉及的化学物质的参考剂量和斜率因子等毒理参数
美国环保部标准	提供一些常规的毒理参数数据，尤其是 IRIS 或 HEAST 系统中缺失的部分化学物质
有毒物质和疾病登记署毒理档案（Agency for Toxic Substances and Disease Registry，ATSDR）	ATSDR 系统中储存有 275 种有害物质的毒理学档案，这 275 种物质涵盖了美国超级基金场地上出现过的所有物质

2.2.2.5 风险表征

风险表征是以场地危害识别、暴露评估和毒性评估的结果为依据，把风险发生概率与危害程度以一定的量化指标表示出来，从而确定人群暴露的危害度。风险表征一般分两步：第一步分析毒性评估和暴露评估的结果；第二步风险计算。

A 分析毒性评估和暴露评估的结果

在暴露评估（例如，在所有暴露情景下，所有污染物经所有暴露途径的累积暴露量）和毒性评估（例如，污染物所有暴露途径的毒理参数）工作的基础上，分析、比较并验证评估结果的有效性、准确性和一致性。

B 风险计算

潜在的非致癌效应是通过人体污染物摄入量和污染物毒理参数计算得出；潜在的致癌效应，即整个生命周期的暴露过程中引发癌症的可能性，是通过人体污染物摄入量和污染物剂量-反应参数计算得出。

a 计算单一污染物单个暴露途径风险

致癌风险根据以下公式计算得出：

$$R = I \times SF \tag{2-16}$$

式中 R——挥发性有机污染物的致癌风险；

I——污染物摄入量；

SF——致癌斜率。

$$R = I \times \frac{BW}{IR} \times URF \times 1000 \tag{2-17}$$

式中 BW——体重；

IR——空气摄入量；

URF——挥发性有机污染物的单位致癌系数。

非致癌危害熵根据以下公式计算得出：

$$HQ = \frac{I}{RfD} \tag{2-18}$$

式中 HQ——非致癌危害熵；

RfD——毒性参考剂量。

$$HQ = I \times \frac{BW}{IR \times RfC} \tag{2-19}$$

式中 RfC——参考浓度。

b 计算单一污染物所有暴露途径累积风险

表层土壤中污染物所有暴露途径的累积致癌风险为：

$$R_{ss-n} = R_{ingest} + R_{dermal} + \max((R_{inhal-dust} + R_{ss-inhal-outdoor}), R_{ss-inhal-indoor}) \tag{2-20}$$

式中　R_{ss-n}——表层土壤所有暴露途径的累积致癌风险；

　　　　R_{ingest}——经口摄入污染土壤致癌风险；

　　　　R_{dermal}——皮肤直接接触污染土壤致癌风险；

　　　　$R_{inhal-dust}$——吸入颗粒物致癌风险；

　　$R_{ss-inhal-outdoor}$——吸入表层土壤室外挥发气体致癌风险；

　　$R_{ss-inhal-indoor}$——吸入表层土壤室内挥发气体致癌风险。

　　表层土壤中污染物所有暴露途径的累积非致癌危害熵：

$$HQ_{ss-n} = HQ_{ingest} + HQ_{dermal} + \max((HQ_{inhal-dust} + HQ_{ss-inhal-outdoor}), HQ_{ss-inhal-indoor})$$

$$(2-21)$$

式中　HQ_{ss-n}——表层土壤所有暴露途径的累积非致癌危害熵；

　　　HQ_{ingest}——经口摄入污染土壤非致癌危害熵；

　　　HQ_{dermal}——皮肤直接接触污染土壤非致癌危害熵；

　　　$HQ_{inhal-dust}$——吸入颗粒物非致癌危害熵；

　$HQ_{ss-inhal-outdoor}$——吸入表层土壤室外挥发气体非致癌危害熵；

　$HQ_{ss-inhal-indoor}$——吸入表层土壤室内挥发气体非致癌危害熵。

　　深层土壤中污染物的所有暴露途径的累积致癌风险：

$$R_{s-n} = \max(R_{s-inhal-outdoor} R_{s-inhal-indoor}) + R_{s-GW} \qquad (2-22)$$

式中　R_{s-n}——深层土壤所有暴露途径的累积致癌风险；

　$R_{s-inhal-outdoor}$——吸入深层土壤室外挥发气体致癌风险；

　$R_{s-inhal-indoor}$——吸入深层土壤室内挥发气体致癌风险；

　　　R_{s-GW}——饮用地下水（深层土壤中污染物淋溶到地下水）致癌风险。

　　深层土壤中污染物的所有暴露途径的累积非致癌危害熵：

$$HQ_{s-n} = \max(HQ_{s-inhal-outdoor} HQ_{s-inhal-indoor}) + HQ_{s-GW} + \cdots \qquad (2-23)$$

式中　HQ_{s-n}——深层土壤所有暴露途径的累积非致癌危害熵；

　$HQ_{s-inhal-outdoor}$——吸入深层土壤室外挥发气体非致癌危害熵；

　$HQ_{s-inhal-indoor}$——吸入深层土壤室内挥发气体非致癌危害熵；

　　　HQ_{s-GW}——饮用地下水（深层土壤中污染物淋溶到地下水）非致癌危害熵。

　　地下水中污染物的所有暴露途径的累积致癌风险：

$$R_{w-n} = \max(R_{w-inhal-outdoor} R_{w-inhal-indoor}) + R_{w-GW} \qquad (2-24)$$

式中　R_{w-n}——地下水所有暴露途径的累积致癌风险；

　$R_{w-inhal-outdoor}$——吸入地下水室外挥发气体致癌风险；

　$R_{w-inhal-indoor}$——吸入地下水室内挥发气体致癌风险；

　　　R_{w-GW}——饮用地下水（地下水中污染物淋溶到地下水）致癌风险。

　　地下水中污染物的所有暴露途径的累积非致癌危害熵：

$$HQ_{w-n} = \max(HQ_{w-inhal-outdoor} HQ_{w-inhal-indoor}) + HQ_{w-GW} \qquad (2-25)$$

式中　$HQ_{\text{w-n}}$——地下水所有暴露途径的累积非致癌危害熵；

$HQ_{\text{w-inhal-outdoor}}$——吸入地下水室外挥发气体非致癌危害熵；

$HQ_{\text{w-inhal-indoor}}$——吸入地下水室内挥发气体非致癌危害熵；

$HQ_{\text{w-GW}}$——饮用地下水（地下水中污染物淋溶到地下水）非致癌危害熵。

计算所有污染物累积风险的致癌风险：

$$R_{\text{sum}} = \sum_{i=1}^{n} R_i \tag{2-26}$$

式中　R_{sum}——所有关注污染物所有途径的致癌风险；

R_i——某种污染物所有途径的致癌风险。

计算所有污染物累积风险的非致癌危害熵：

$$HQ_{\text{sum}} = \sum_{i=1}^{n} HQ_i \tag{2-27}$$

式中　HQ_{sum}——所有关注污染物所有途径的非致癌危害熵；

Q_i——某种污染物所有途径的非致癌危害熵。

2.2.2.6　确定修复目标

A　污染物单一暴露途径修复目标值

根据场地具体情况，单个暴露途径土壤和地下水中污染物致癌风险的修复目标值可根据式（2-28）计算得出。例如，经口摄入途径土壤中污染物致癌风险的修复目标值：

$$RBSL_{\text{ingest}} = \frac{CS \times TR}{R_{\text{ingest}}} \tag{2-28}$$

根据场地具体情况，单个暴露途径土壤和地下水中污染物致癌风险的修复目标值可根据式（2-29）计算得出。例如，经口摄入途径土壤中污染物非致癌危害熵的修复目标值：

$$HBSL_{\text{ingest}} = \frac{CS \times THQ}{HQ_{\text{ingest}}} \tag{2-29}$$

式中　$RBSL_{\text{ingest}}$——基于经口摄入途径致癌风险的土壤中污染物修复目标值，mg/kg；

$HBSL_{\text{ingest}}$——基于经口摄入途径非致癌危害熵的土壤中污染物修复目标值，mg/kg；

CS——污染物浓度，mg/kg；

TR——致癌风险可接受水平；

THQ——非致癌危害熵可接受水平；

R_{ingest}——经口摄入途径污染物致癌风险；

HQ_{ingest}——经口摄入途径污染物非致癌危害熵。

其他途径的污染物修复目标值同上。

比较基于致癌风险和非致癌危害熵计算得出的修复目标值，选择较小值作为场地污染物修复目标值。

B 污染物所有暴露途径修复目标值

根据式（2-30）计算单一污染物所有暴露途径致癌风险的污染物修复目标值：

$$RBSL_n = \frac{CS \times TR}{R_{sum}} \qquad (2\text{-}30)$$

单一污染物所有暴露途径非致癌危害熵的污染物修复目标值可根据式（2-31）计算得出：

$$HBSL_{ingest} = \frac{CS \times THQ}{HQ_{sum}} \qquad (2\text{-}31)$$

式中 $RBSL_n$——所有途径致癌风险的污染物修复目标值，mg/kg；

$HBSL_{ingest}$——所有途径非致癌危害熵的污染物修复目标值，mg/kg；

R_{sum}——所有途径污染物致癌风险；

HQ_{sum}——所有途径污染物非致癌危害熵。

比较基于致癌风险和非致癌危害熵计算得出的修复目标值，选择较小值作为场地污染物修复目标值。

2.2.2.7 补充调查

场地补充调查的目的是为获取更详细、更准确的场地相关信息和参数，从而提高风险评估的有效性。场地补充调查通常只针对污染区域的边界，以降低修复成本。通常，在以下情况下需要展开补充调查：

（1）详细场地调查未能覆盖关注的污染区域；

（2）场地调查未能对污染的深度和范围给出确切的描述；

（3）需要提供补充信息来排除技术上的不确定性（例如，补充信息用来证实某种修复技术的可行性）。

垃圾堆放点修复技术选择

非正规垃圾填埋场的环境风险程度应主要考虑：（1）填埋场使用时间；（2）填埋场垃圾总量、占地情况；（3）垃圾填埋场对环境的污染情况，包括气体污染和渗滤液污染等；（4）垃圾的成分和性质（不同组分及其比例、平均热值、焚烧组分的热值、有机成分特征、可回收成分的种类及含量等）；（5）垃圾的稳定化程度；（6）垃圾填埋场与周围居民与环境的关系，是否附近有居民区，是否有环境敏感点等；（7）垃圾填埋场的地质情况，包括基本地质特征、地质构造、岩石土壤特征、区域稳定性、地表水和地下水分布特征等。综合考虑上述因素并结合数据的可得性，选取垃圾场运行状况、堆场占地、污染防治措施、垃圾成分、堆体稳定性以及对周围居民与环境的影响作为评估因素。非正规垃圾填埋场风险等级评价分值分配见表3-1。

表3-1　非正规垃圾填埋场风险等级评价分值分配

评价因子	分　值				
	5	3	2	1	0
运行情况			运行、无覆盖	运行/部分封场	简易封场覆盖
场地占地/hm²	≥10	5~10	3~5	<3	
污染防治措施			无任何防治措施	至少有一项防治措施	有所有防治措施
垃圾成分			生活垃圾/建筑垃圾≥1	生活垃圾/建筑垃圾<1	
堆体稳定性/m		>20	10~20	5~10	<5
离居民点距离/m	<100	100~500	500~1000	>1000	
位于环境敏感区				是	否

注：（1）≥11分为高度风险存量垃圾场；（2）>8分并<11分为中度风险存量垃圾场；（3）≤8分为低度风险存量垃圾场。

现有非正规填埋场治理方案的经验主要有：（1）以当前当地所有的垃圾处理设施情况为基础，不考虑近期在他处新建处理设施的情况；（2）鉴于占地小的填埋处理场（<3hm²）在不扩容条件下不适宜原地新建填埋场，因此，小规模处理场不适用原地搬迁处理；（3）考虑到当前处理设施选址困难，对于占地面

积大、垃圾量小、堆积高度低的处理场，尽量采用原址新建处理场方案；（4）有搬迁条件时，采用处理后搬迁，降低搬迁后垃圾占用处理设施容量；（5）需考虑处理场原场地经济利用价值以及土地用途的不确定性。

3.1　垃圾堆体的修复

3.1.1　原位好氧修复技术

原位好氧修复技术也称为好氧降解技术，其基本原理是在非正规垃圾填埋场中，通过控制垃圾填埋场中空气、水等反应条件，实现垃圾的好氧生物反应，使垃圾中的有机质快速降解，生成二氧化碳并减少渗滤液对地下水的污染，从而加快非正规垃圾填埋场的稳定化进程。

原位好氧修复技术的优点包括：（1）可缩短垃圾中有机物的降解时间。好氧修复技术比传统的厌氧降解法可提高降解速度 30 倍以上。治理周期短，一般为 2~4 年。相当于自然降解 50~100 年。（2）减少垃圾填埋场对环境的影响。由于有机物经好氧处理的产物是 CO_2、H_2O 等，取代了传统厌氧反应的 CH_4、NH_3、H_2S 等，垃圾渗滤液又回流到垃圾堆体中，因此可将有害物质对土壤、大气、水体（地表水、地下水）环境的影响将减少到最低程度；同时由于减少了甲烷气（CH_4）的排放（CH_4 的吸热量是 CO_2 的 21 倍），可以降低温室效应，保护大气层；由于好氧生物反应是放热反应，使垃圾堆体中的温度升高，可以有效杀灭垃圾中的病原菌，减少对环境的危害。（3）减少渗滤液处理费用。垃圾渗滤液由于其成分复杂，收集后单独处理的难度大，投资和运行的费用高，是目前垃圾填埋场问题的焦点所在。通过将渗滤液循环，分散在填埋场中，增加固体的湿度，不仅可以提高垃圾中有机物的降解速率，而且可以大大降低渗滤液处理的难度，从而节省投资和运行费用；同时由于垃圾堆体中的温度升高，水分的蒸发量大，渗滤液的量减少；在渗滤液回灌的过程中，渗沥中的污染物被垃圾吸附，特别是对氨氮和重金属难降解的污染物，有良好的吸附作用，可降低相关污染物在渗滤液中的浓度。（4）降低填埋场封场后维护费用和风险。由于垃圾在短时间内可以达到稳定化，这样就可以减少封场后填埋场维护的工作量，降低运行成本，同时可以减少甲烷等危险气体爆炸的风险。

3.1.2　就地封场技术

就地封场是老垃圾填埋场改造过程中采用的最普遍的一项技术。根据老场就地封场的需要，国外发达国家早已颁布了各类封场技术标准及规范，典型的有美国、德国等国家，我国也于 2007 年颁布了《生活垃圾卫生填埋场封场技术规程》（CJJ 112—2007），针对封场过程中的各个环节制订了指导性的条例。目前国外大部分简易垃圾填埋场的修复治理都采用封场覆盖方案，该方案建设周期短，治理效果明显，我国第一个垃圾填埋场封场示范工程——深圳市玉龙坑垃圾填埋场封场工程在实施后取得了良好的效果，封场与防渗墙建设阻断了沼气和渗滤液与外界环境接触的可能，消除了对附近居民小区的安全卫生隐患。

许多简易填埋场使用到末期都出现渗漏现象，特别是垃圾挡坝，由于建设时没有按照规范的要求采用黏土压实填筑，都会出现渗滤液在坝体渗漏的情况。垃圾填埋场终场后，按照现行的规范要求都必须进行封场处理，防止雨水渗入垃圾堆体，避免产生大量的渗滤液，污染地下水等。常用的就地封场措施有帷幕灌浆防渗、垃圾堆体整形、覆盖层结构改进、填埋气体收集处理系统与植被恢复等。具体方案实施应在 CJJ 112—2007《生活垃圾卫生填埋场封场技术规程》的指导下进行，并根据场地实际情况采取必要的处理手段。

实际封场工程中，封场工程的主体工程一般包括垃圾堆体整形工程、填埋气体导排系统、封场覆盖系统、地表水控制系统等。封场工程的配套工程包括作业道路，备料场，供配电设施，给排水设施，生活和管理设施，设备维修、消防和安全卫生设施，环境监测设施等。

不管是对简易垃圾填埋场还是对卫生填埋场，封场工程目前被视为一个独立的工程，其基本功能和作用包括：（1）减少雨水以及其他降水渗入到垃圾堆体内，从而减少渗滤液的产生；（2）控制填埋场产生的恶臭气体的散发，有效收集、处理和利用填埋气体，达到控制污染、综合利用的目的；（3）抑制病原菌的扩散，减少蚊蝇的繁殖和其对病原菌的传播；（4）防止地下水、地表水的污染，保护有限的水资源；（5）防止水土流失；（6）促进垃圾堆体的稳定化进程；（7）为城市绿化和景观增加色彩，为填埋场土地资源的再利用提供空间。

该技术的主要缺点有：（1）渗滤液污染强度高，二次污染严重；（2）封场后维护监管期长、风险大、费用高、不利于场地及时复用；（3）产气期滞后且历时较长，产气量小，资源化率低。

3.1.3 原地筛分处置技术

原地筛分处置方法是对原非正规垃圾填埋场采取开挖后将垃圾进行筛分，对筛分垃圾分类利用的处置方法。筛分是依据物料密度、颗粒大小、磁化性和光电性质等物理性质的差异，选用适当的设备和工艺，将物料分成性质相似的若干类的处理技术。原地筛分技术一般包括开挖、分选以及臭气、粉尘、渗滤液、噪声等二次污染防治等几个系统。

原地筛分处置工艺存在的问题有：（1）开挖时甲烷等易燃易爆气体易导致安全隐患；（2）开挖时甲烷、硫化氢等臭味以及垃圾筛分粉尘易带来二次污染；

（3）筛分处理费用较高，以北京市某大型非正规垃圾填埋场拟采用的筛分处理工程为例，估算筛分处置费用达 69 元/m³，另有 20 元/m³ 运输费。

筛分减量后综合治理的优点是可以实现垃圾体量的减量化，消除污染隐患；有效释放填埋场土地，提高填埋场地利用效率和废物的综合利用率，实现老填埋场地的可持续利用。

3.1.4　整体搬迁治理

整体搬迁治理是美国首先使用的填埋场治理技术。根据对垃圾场开挖后，是原场重新填埋还是运至其他场地，又可划分为原地搬迁和异地搬迁。

该方案是对垃圾堆体进行整体开挖，全部运输到附近的垃圾处理厂（场）进行无害化处理。其中在垃圾堆体开挖过程中应合理制定计划，分步实施开挖，作业过程中应防爆降尘，避免堆体破坏引起的滑坡。垃圾输送应科学制定分区开挖计划，做好交通运输，确保道路交通畅通和安全。其主要工程内容包括堆体开挖、垃圾运输等。该方案对垃圾场污染治理彻底，经济效益较高，工艺简单。整体搬迁主要特点有：建设周期短，可获得土地资源，但需配置额外的处置场所。

3.2　污染土壤修复

3.2.1　非正规垃圾填埋场污染土壤类型

A　重金属污染

垃圾填埋场会对填埋场内及周围土壤环境造成一定的影响：（1）垃圾渗滤液由于含有大量的溶解性有机酸，其污染土壤 pH 值已经低于 7.0，呈酸性，填埋场内土壤存在酸化的风险，pH 值会有不同程度的降低，这也是土壤中 Fe 流失的一个重要原因。（2）填埋场内和外围土壤中总金属含量均有上升，垃圾渗滤液中含有多种重金属会导致土壤重金属含量升高。土壤酸化可能会导致累积的重金属不断活化，提高重金属的毒害程度，这不利于封场后的生态恢复，土壤对渗滤液中溶解性有机物具有很好的吸附作用，因而导致土壤有机质含量明显升高，并且有机物也会影响土壤中重金属的环境行为。已有研究显示，垃圾渗滤液中溶解性有机物会促进土壤对重金属的吸附，吸附饱和后还会促进其溶出。此外，渗滤液污染土壤中有机质含量急剧升高，Cd、Cu、Zn 和 Hg 含量也明显增加。

B　有机物污染

渗滤液中有机污染物种类繁多，组成十分复杂。郑曼英等对广州市大田山填埋场的渗液进行了有机物成分分析，结果表明的主要有机物种均包含其中，其中有芳烃 29 类种，烷烃和烯烃类 18 种，酯类 5 种，酸类 8 种，酮类 4 种，醇和酚类 6 种，酰胺类 2 种，其他 5 种。在这些有机物中，含可疑致癌物 1 种，辅致癌物 4 种，6 种有机物被列入我国环境优先污染的"黑名单"当中。

垃圾渗滤液进入土壤以后，高浓度污染物会破坏土壤的自净能力，并在土壤中产生一系列的物理作用、化学作用及生物作用，改变土壤的结构和正常功能，使土壤质量严重下降，破坏农作物的生长发育，导致农作物的产量下降、质量降低。垃圾渗滤液长期处在厌氧或兼性厌氧条件下，其含有的碳水化合物及含氮有机物由于溶解氧不足，会形成多种恶臭物质，产生大量恶臭气味，严重影响大气环境。

3.2.2 土壤修复技术介绍

按照污染土壤处理地点的不同，可将土壤修复技术分为原位修复和异位修复。

原位修复是指就在场地原地处理污染物质，不用进行大规模土壤开挖工程，对场地的破坏性较小，可节约大量工程成本，同时可对地表以下数十米的深层污染土壤或地下水进行修复，并且对周边环境影响小。异位修复技术是将污染土壤开挖后人工转移到另一个特定的场所，然后采用各种修复技术进行处理，其特点是费用高、工程量大，且在开挖和运输途中可能产生二次污染问题，仅适用于重污染的浅层地块或小面积受污染区域。

原位修复技术主要包括多相抽提（MPVE）、气相抽提（SVE）、原位化学氧化还原法、气相喷射（IAS）、生物降解和植物修复等。其中，多相抽提（MPVE）主要是用于修复存在大量非水相流体的污染场地，可将地下水中以及土壤中的有机污染物直接抽出；土壤气相抽提（SVE）和气相喷射（IAS）适用于处理具有挥发性有机物的污染场地，并且常和生物处理技术、加热技术等联合使用，可以促进污染物的挥发和增加氧气促进分解的作用；生物降解有生物厌氧降解、生物好氧降解和生物还原降解等多种降解方式，降解方式的选择是由地质条件和污染物种类来决定的；原位化学氧化还原法可以将有机污染物氧化或还原成低毒无害的物质，治理周期较短；植物修复主要利用植物的生长作用来富集重金属，成本低廉，但对富集有重金属的植物体的后续处理问题研究的较少。

异位修复是指将受污染的土壤从发生污染的位置挖掘出来，在原场址范围内或经过运输后再进行治理的技术。主要包括化学淋洗、固化/稳定化、异位化学氧化还原法、热脱附等技术。

化学淋洗是指将污染土壤挖掘出来，用水或淋洗剂溶液清洗土壤、去除污染物，再对含有污染物的清洗废水或废液进行处理，洁净土可以回填或运到其他地点回用。一般可用于放射性物质、有机物或混合有机物、重金属或其他无机物污染土壤的处理或前处理。该技术对于大粒径级别污染土壤的修复更为有效，砂砾、沙、细沙以及类似土壤中的污染物更容易被清洗出来，而黏土中的污染物则较难清洗。一般来讲，当土壤中黏土含量达到 25% ~ 30% 时，不考虑采用此技术。固化/稳定化技术是指将污染土壤与黏结剂混合形成凝固体而达到物理封锁（如降低孔隙率等），或发生化学反应形成固体沉淀物（如形成氢氧化物或硫化物沉淀等），从而达到降低污染物活性的目的。化学氧化/还原技术是通过化学氧化/还原的手段将有害污染物转化成更稳定、迁移性较低或惰性的无害或低毒性物质，常用的氧化剂有臭氧、双氧水、次氯酸盐、氯气、二氧化氯等。但该技术通常需要采用多种氧化剂以防止发生逆向反应。该技术针对的目标污染物主要为无机物，也可用于非卤代挥发性有机物（VOCs）、半挥发性有机物（SVOCs）、燃油类碳氢化合物及农药的处理。热脱附是一种物理分离过程，通过对土壤进行加热，当温度足够高时，污染组分就会蒸发并从土壤当中分离出去。通过收集挥发出去的气体并进行处置，使污染物得以去除的过程被称为热脱附修复。热脱附作为一种非燃烧技术，污染物处理范围宽、设备可移动、修复后土壤可再利用，特别是对含氯有机物，非氧化燃烧的处理方式可以避免二噁英的生成，广泛用于有机污染物污染土壤的修复。

异位修复适用于处理污染浓度较高、风险较大且污染土壤量不是很大的场地；可以选择直接有效的技术方法集中处理污染土壤，处理效率高且彻底，在监测方面比较容易控制，可降低监测成本。但是异位修复污染土壤需要运输至处理场地，增加运输成本；挖掘、运输和转移过程中污染物存在扩散的风险，因此须严格控制污染物的扩散，防止对环境和人体造成影响。

3.2.3 固化/稳定化技术

固化/稳定化技术是一种通过添加固化剂或稳定剂，将土壤中的有毒有害物质固定起来或者将污染物转化成化学性质不活泼的形态，阻止其在环境中迁移和扩散从而降低其危害的修复技术。固化和稳定化技术在工作原理和作用特点上各有不同，但在实践中经常搭配使用，是两个密切关联的过程。固化处理是利用惰性材料（固化剂）与污染土壤完全混合，使其生成结构完整、具有一定尺寸和机械强度的块状密实体（固化体）的过程；稳定化处理是利用化学添加剂与污染土壤混合，改变污染土壤中有毒有害组分的赋存状态或化学组成形式，从而降低其毒性、溶解性和迁移性的过程。固化处理的目的在于改变污染土壤的工程特性，即增加土壤的机械强度，减少土壤的可压缩性和渗透性，从而降低污染土壤处置和再利用过程中的环境与健康风险；稳定化处理的目的在于降低污染土壤中有毒有害组分的毒性（危害性）、溶解性和迁移性，即将污染物固定于支持介质或添加剂上，以此降低污染土壤处置和再利用过程中的环境与健康风险。

固化稳定化优缺点见表 3-2。

表 3-2　固化/稳定化优缺点

优　点	缺　点
实施周期短、达标能力强	一般不能销毁或去除污染物
适用于多种性质稳定的污染物（如 NAPL、重金属、多氯联苯、二噁英等）	难以预见污染物的长期行为
根据规划要求或实际操作条件，可在原位，也可在异位进行	可行性试验研究确定的参数具有时间/空间不确定性
修复后可就地管理，无需外运	可能会增加污染土壤的体积（增容）
修复成本低、修复材料与设备占用空间相对较小	消耗天然资源（如地下水等）
处理后土壤的结构和性能（如机械强度、均一性、渗透性等）得到改善	需要长期监测与维护

固化/稳定化技术已有数十年的发展历史，是较为成熟的土壤修复技术，既可用于修复污染土壤，也可用于处理沉积物、污泥和固体废物等，具有修复周期短、达标能力强、作用对象广泛（可处理多种性质稳定的污染物），并能与其他修复技术配合使用的特点，是国内外普遍应用的污染土壤修复技术。然而，固化/稳定化技术也有其不足与局限性，例如不能实质性销毁或去除污染物，修复后可能会使土壤产生增容效应，污染物的长期环境行为难以预测，需要对固化/稳定化产物进行长期监测与维护等。

固化稳定化技术适用性见表 3-3。

表 3-3　固化/稳定化技术适用性

评价指标	固化/稳定化技术的适用性		
	较为适用	中等适用性	基本不适用
污染物的可修复性	全部污染物都易于修复时	部分污染物需要进行预处理时	存在难以处理的污染物时
修复深度	<5m 时	5~20m 时	>20m 时
最终修复产物渗透性能	要求低渗透性，并能抵抗地块环境影响时	要求有一定渗透性，但该渗透性下地下水流速较慢或地表水淋洗效果较差时	要求的修复产物渗透能力较高时
污染土壤与黏合剂的相容性	污染土壤与拟用黏合剂和修复过程相适应，无预期的干扰效应时	污染土壤需要先进行预处理，再与拟用黏合剂和修复过程相适应时	修复设备无法处理污染土壤，或需要特定处理过程时
污染土壤的理化特征一致性状况	质地均匀、类型均一，通过常规方法即可完成修复时	污染土壤理化特征有一定差异，但分级明确并能在修复时解决该问题时	污染土壤理化特征差异大、分选差、不可预测时

评价指标	固化/稳定化技术的适用性		
	较为适用	中等适用性	基本不适用
地下水位情况	修复体被工程措施包覆或在地下水位以上时	修复体定期受到地下水浸润,修复设计时要考虑地下水问题或地下水流不会被影响时	部分/全部修复体位于地下水位以下,且地下水对修复体有化学影响,地下水流受到明显影响并可能影响到周边地块
修复效果达标能力	易达标时	实施过程和介质性能检测有良好质控手段时	不可能达标时
预测修复指标的可靠性	对于类似污染土壤有成功案例	无类似应用前例,但可以在充分考虑到安全因素	无类似应用前例,进行测试的结果变化大

　　根据修复模式要求或实际操作条件需要,固化/稳定化修复可在异位也可在原位进行。异位固化/稳定化适用于修复浅层污染土壤或大型机械无法进入的小型污染地块,且由于其能较好控制黏合剂的添加和混合质量,修复效果往往较为理想,不足之处是需要开挖污染土壤、暂存土壤、转运土壤和对污染土壤进行前处理(如破碎和筛分),这些过程会造成扬尘和噪声,甚至挥发物释放等环境影响,且修复完成后还需回填或处置土壤,并对土壤进行压实与覆盖等操作,修复成本较高。原位固化/稳定化适用于深层及大面积污染土壤的治理与修复,其通过利用开凿或钻孔机械将黏合剂与受污染土壤原地直接混合,操作环节相对异位修复要少,对环境造成二次污染的风险也较小,并可显著降低污染土壤的治理与修复成本,但局限性在于难以有效治理黏稠度较大的土壤,容易受到地下障碍物(如碎石瓦砾等)和地层结构变化的影响,常因混合搅拌不够均匀而降低修复效果与质量,修复单元间对接不充分会形成污染土壤"夹层",修复后土壤体积增容改变地面形状,操作过程对地面承载力和地块面积有一定的要求等。

3.2.3.1　常用药剂

　　常用的固化技术包括水泥固化、石灰/火山灰固化、塑性材料固化、有机聚合物固化、自胶结固化、熔融固化和陶瓷固化等;常用的稳定化技术包括 pH 值控制技术、氧化/还原电位控制技术、沉淀与共沉淀技术、吸附技术、离子交换技术等。常见的固化剂包括无机黏合物质(如水泥、石灰等)、有机黏合剂(如沥青等热塑性材料)、热硬化有机聚合物(如酚醛塑料和环氧化物等)等;常见的稳定剂(添加剂)包括磷酸盐、硫化物、铁基材料、黏土矿物、微生物制品(剂)或上述材料复配制品(剂)等。

3.2.3.2 适用类型

对无机物和重金属污染的土壤，如无机氰化物（氢氰酸盐）、石棉、腐蚀性无机物，以及砷、镉、铬、铜、铅、汞、镍、硒、锑、铀和锌等重金属污染的土壤，适合采用固化/稳定化技术进行有效治理与修复。有机污染土壤中适用或可能适用的污染物类型包括有机氰化物（腈类）、腐蚀性有机化合物、农药、石油烃（重油）、多环芳烃（PAHs）、多氯联苯（PCBs）、二噁英或呋喃等，但对卤代和非卤代挥发性化合物一般不适用（除非进行了特殊的前处理）。此外，由于有机污染物往往对水硬性胶凝材料的固结化作用有干扰效应，因此，在实践上固化/稳定化技术更多用于无机污染和重金属污染土壤的治理和修复。

3.2.3.3 影响因素

影响固化/稳定化技术应用的关键因素包括土壤颗粒大小、密度、渗透性、自由压缩力，以及土壤含水量、重金属污染浓度、硫酸盐含量、有机物含量等。目前已知有多种无机盐和有机化合物可对固化/稳定化作用产生干扰效应，一些内部因素（如pH、渗透系数、孔隙度等）和外部环境因素（如干-湿交替、冻-融交替、气体侵蚀等）也会对固化/稳定化产物性能造成影响。

固化稳定化影响因素如图3-1所示。

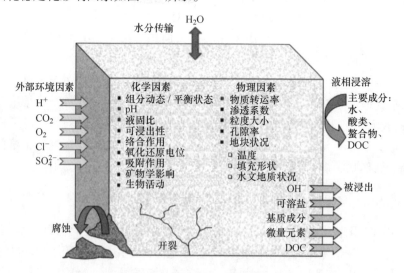

图3-1　固化稳定化影响因素

固化/稳定化施工过程质量控制是保证修复效果达标的重要保证，也是决定修复工程成败的关键。施工过程必须严格做好材料与设备的质量控制以及药剂混合过程的质量控制，以免造成修复效果不达标的不良后果。固化/稳定化修复效果不达标需重新进行修复。重新修复是一个成本昂贵且操作困难的工程，一般会涉及固化/稳定化产物的破碎和前处理，且相比于原来的污染土壤，破碎后的固化/稳定化产物其再固化/稳定化的处理效果往往相对较差，修复效果不达标的风险会升高。因此，必须严格做好固化/稳定化施工过程的质量控制，保证修复效果稳定达标。此外，施工过程还需做好二次污染防治、环境监测、健康与安全防护等工作，确保修复进程顺利。固化/稳定化修复完成后需进行修复效果评估，并对产物进行长期监测与维护。修复效果评估以固化/稳定化产物能够有效控制污染物释放，从而实现对地下水（或地表水）的保护为主要目标，性能评价指标一般包括固化体机械强度、抗渗透性以及固化/稳定化产物的抗浸出性等，特定条件下还应评估抗干-湿性、抗冻-融性、耐腐蚀性和耐热性等。对固化/稳定化产物处置或再利用有体量限制要求的，还应评估其增容比；增容比应越低越好，尽量少增容或不增容，减少土壤修复的综合成本。

长期监测可通过在固化/稳定化产物处置或再利用区域周边建立地下水监测井（或地表水监测点）进行，重点监测和评估固化/稳定化产物对地下水（或地表水）的影响，一般修复完成后前五年的监测频率为每半年一次，第五年后视具体情况进行调整。长期监测期间发现固化/稳定化产物中污染物的溶出浓度超过预先规定的地下水（或地表水）标准的，应采取补救措施，防止固化/稳定化产物对环境的污染。长期监测持续时间原则上不少于 5 年，第五年后根据固化/稳定化产物的长期稳定性和运行效果决定是否需要继续监测，当固化/稳定化产物中污染物的溶出浓度能持续满足地下水（或地表水）的相关标准要求时，可终止监测；反之，则需继续进行监测。

3.2.4　阻隔技术

阻隔技术是指通过铺设阻隔层阻断土壤介质中污染物迁移扩散的途径，使污染介质与周围环境隔离，避免污染物与人体接触和随降水或地下水迁移进而对人体和周围环境造成危害的技术。阻隔系统主要有几方面的功能：（1）阻断污染土壤与人体的直接接触；（2）阻止受污染地下水迁移扩散；（3）阻断污染土壤或污染地下水挥发出的气体扩散。阻隔技术优缺点见表3-4。

表 3-4　阻隔技术优缺点

优　　点	缺　　点
可防止污染物横向或侧向移动	非处理方式
可改变局部的地下水流模式	设置费用高
阻止及避免污染土壤与地下水相互接触	适用于小地块
可阻隔污染并保护邻近区域	有潜在渗漏及移动风险
常用于出水量大或污染来源复杂的地区	可有效缩短治理修复周期
可有效缩短治理修复周期	

阻隔技术适用于以下情形：（1）污染地块土壤、地下水或其他环境介质中关注污染物的浓度超过相关标准或风险水平超过可接受水平；（2）地块上存在关注污染物的潜在完整暴露途径；（3）与其他措施相比，阻隔技术适用且更经济有效。阻隔仅能切断暴露路径，限制污染物迁移，但不能彻底去除污染物质或降低地块上的污染物浓度。因此，阻隔技术尽管可以单独用于污染地块风险管控，也经常需要与其他修复技术结合使用才能达到修复目标。

3.2.4.1 主要类型

阻隔技术包括水平阻隔和垂直阻隔两大类。

A 水平阻隔

对表层污染土壤的阻隔措施在某种程度上是一种建筑物。与建筑物的物理要素一样，阻隔措施的设计主要需要考虑：（1）结构完整性的最小化；（2）合理的设计寿命；（3）适度维护。在设计过程中可能使用多种阻隔措施阻止多个暴露途径。比如某污染地块中暴露途径除了皮肤直接接触土壤外，还存在土壤扬尘的吸入，就需要结合使用，混凝土地板、弹性膜衬层、地下气体收集系统或者土壤覆盖层，以减少或消除两条暴露途径带来的风险。常见的阻隔措施如下：

（1）沥青路面、沥青屏障或沥青混凝土。沥青是成层铺设并利用专门建筑设备进行混合的分级砂卵石与液体沥青的混合物。沥青可分厚层（大于5cm）和薄层（2.5~5cm）。厚层沥青可直接铺设在自然地面上；薄层沥青一般需铺设在更为粗糙的粒料层之上。

（2）混凝土路面。混凝土是分级砂卵石与水泥液体的混合物。混凝土通常用于建造水泥板或道路，一般铺设在厚度为几厘米的砂子或碎石层上。通常加入铁丝网、钢筋或其他掺合料防止初期固化及后期塑性收缩、干燥收缩、热裂解等造成的裂缝。表面混凝土板应加入空气吸附添加剂以减少严寒及霜冻天气造成的表面腐蚀。

（3）弹性膜衬层（FML）。FML是一种渗透性较差、厚度较小的可阻止气体和液体迁移的人工合成膜。FML可以从加工材料的卷轴上直接铺设或喷洒在半柔性层上以达到固化目的。FML以碳氢化合物为基础，具有广泛的化学兼容性。广泛应用的FML包括PVC（聚氯乙烯）、PCE（聚乙烯）、HDPE（高密度聚乙烯）等。FML卷轴式铺设需要特殊的缝合设备来密封边缘，而喷洒式FML能形成无缝膜衬层。FLM卷轴式铺设的厚度较为一致，任何一种铺设方式都需要由经验丰富的施工人员进行操作。由于FML本身无结构强度，通常与一种结构元素联合使用。另外在FML上还应铺设一层能抵抗紫外线辐射的覆盖层。

（4）清洁土覆盖层由高渗透性的砂砾石与低渗透性的黏土组成。在阻隔措施设计阶段应该进行渗透性评估。覆盖层厚度主要取决于阻隔措施的预期目的，如果风险管控目的主要是减少皮肤接触或直接摄入土壤污染物，覆盖层的厚度应该达到业主、孩子、园丁等很难进行手挖的程度，土层材料不必进行分级。通常在阻隔措施的顶层增加可减少腐蚀的覆盖层，此层的土壤称为顶层土，顶层土中应富含可促进植物生长的天然有机质。

（5）石头覆盖是一种由小型石料或回用混凝土组成的隔离皮肤直接接触污染土壤的被动控制方式。这种方式适用于干旱条件下阻止污染物的暴露和腐蚀。

B 垂直阻隔

垂直阻隔可分成取代法、挖掘法、注射法等基本类型。各类型特点及适用性见表3-5。

表3-5 不同类型垂直阻隔系统的特点及适用性

类型	举例	适用性	特征
取代法	钢板桩 震动波墙 膜墙	大多数土壤类型，但大石头、岩石或大量弃物存在或许会影响施工	低pH值土壤一般对苯和甲苯等污染物具有抗性；钢板桩的地方也需要结构上或机械上的支持
挖掘法	横切堆积墙 浅层切断墙 喷射灌浆 泥浆沟渠 混凝土横隔墙	大多数土壤和岩石类型	应用广泛；需要对阻隔系统的损坏进行处置
注射法	水泥或化学灌浆 喷射灌浆 喷射混合	最好是粒状土壤或破碎的岩石，对黏土或废弃物效果较差	
其他	地面冰冻 电动力学 生物阻隔 化学阻隔	地面冰冻只在一定颗粒大小的土壤（主要是砂土）上有过成功的实例	在国外受到广泛重视

a 取代法

把阻隔系统施工于地下而地面不受大的干扰。其中，钢板桩是最常用的一种方法。

b 挖掘法

将土壤挖出，然后用阻隔材料代替原有土壤，即建置一低渗透性的垂直阻隔系统，将其插入土壤甚至更深的不透水层。例如，交叉桩法是由一系列连锁相邻的桩构成完整的墙；浅层截水墙的建造过程是先用切割机挖出一个足够深的狭槽，然后插入地膜，再用压实的黏土填充；泥浆沟渠的建造过程是先挖一条沟渠，然后用不同材质混合的泥浆（如皂土-水泥混合，有时还加入挖出的土壤进行混合）进行填充，形成不同形式的泥浆沟渠，如黏土阻隔系统、皂土-水泥阻隔系统、膜阻隔系统和混凝土横隔墙等。

c 注射法

向土壤中注入一定的材料，填充土壤的空隙、孔隙和裂隙，以降低土壤渗透性的过程。注射法形成的垂直阻隔系统包括化学灌浆阻隔、深层土壤混合（通常是皂土和水泥混合）技术、喷射灌浆和喷射混合灌浆等。

d 其他方法

包括电动力学阻隔技术、地面冰冻、化学阻隔和生物阻隔等。其中，电动力学阻隔技术是指通过控制电荷形成对污染物迁移进行阻隔的系统。地面冰冻也可以形成垂直阻隔系统，用于控制土壤中污染物的迁移。目前，生物阻隔方法也在发展当中。

3.2.4.2 切断暴露途径

阻隔措施的目的在于通过切断暴露途径，消除或降低关注污染物的暴露水平。通过实施阻隔，可以达到：（1）阻止与受污染环境介质的直接接触（例如皮肤接触）；（2）阻止关注污染物从受污染环境介质向暴露点的不同位置、不同环境介质或者二者兼有的迁移（例如，从土壤向空气挥发的化学气体）。根据选用的阻隔系统类型不同，一种阻隔措施可以切断一个或多个暴露途径。本书主要介绍三种主要暴露途径的阻隔措施：（1）阻断表层土壤的直接接触；（2）防止受污染地下水迁移扩散；（3）阻断深层土壤或地下水中挥发性有机污染物进入周围或室内空气。

A 阻断表层土壤的直接接触

如果表层土壤受到污染，人类可能通过偶然的摄入、皮肤直接接触或吸入颗粒物的方式接触污染土壤。受污染土壤颗粒可能通过风蚀、园林绿化的浅层开挖、施工或维护活动释放到空气中。主要途径有：（1）直接接触受污染土壤；（2）风力驱使土壤颗粒进入空气。

阻断直接接触表层受污染土壤的技术案例包括以下几种情形：沥青路面、混凝土路面、柔性膜衬垫、清洁土壤覆盖、植被覆盖和石子覆盖等。

B 阻止受污染地下水迁移扩散

在地下水受到污染的地块，实施阻隔可以阻止受污染地下水的迁移扩散。在有已有建筑物存在的地块，还可以阻止受污染地下水对地下建筑或设施造成破坏。防止受污染地下水迁移扩散的阻隔措施包括渗流屏障、拦截井或沟渠、泥浆墙和可渗透性反应墙。阻止受污染地下水对地下建筑或设施造成破坏的阻隔措施包括密封设施线、基础或设施接缝等。

C 阻断深层土壤或地下水中挥发性有机污染物进入周围或室内空气

污染地块如果开发成居住用地，深层土壤或地下水中挥发性有机污染物挥发产生的有毒有害蒸汽可能进入周围或室内空气，人体可能会通过呼吸暴露途径吸入从土壤或地下水中挥发出来的污染物。通过实施阻隔措施，设置气体屏障可以阻断环境或室内空气中的污染物暴露。气体屏障能够阻止：（1）气体从受污染土壤或地下水中迁移到周围空气中；（2）气体从地下室、地基、坑、地下管线、地下走廊等路径进入室内空气。用于控制吸入周围或室内空气的措施包括封闭气体进入路径、设置被动气体屏障、建立增压系统和主动土壤减压措施等。

D　阻隔技术设计要点及注意事项

设计垂直阻隔系统时应考虑：（1）施工所需的深度；（2）可接受的完整性程度（如初始有效性）；（3）拟安装的阻隔系统与当地环境的兼容性。阻隔系统的类型选取主要应基于既定的风险管控目标和需要切断的暴露途径，确定选用垂直阻隔系统、水平阻隔系统（如地面覆盖系统）等。垂直阻隔系统主体设计指标主要取决于希望达到的阻止污染物迁移的能力与稳定性，因此需要考虑以下因素：（1）污染物迁移的驱动力和潜势；（2）阻止污染物迁移扩散的能力；（3）系统的设计寿命。其中，驱动污染物迁移的潜势包括：（1）流体静力学作用，即因水压差异产生的迁移；（2）电动力学作用，即由电动势差引起的污染物迁移；（3）化学作用，即由污染物浓度或其他物质浓度不同引起的污染物迁移；（4）热力学作用，即由水温梯度引起的污染物迁移；（5）渗透作用，即由渗透压差异引起的污染物迁移。阻隔成效与以上作用密切相关。阻隔材料的选择，关键指标是其渗透性。大多数情况下，阻隔材料或阻隔系统与当地环境介质之间需要存在渗透性差异；同时，阻隔材料或阻隔系统的吸附性能也是一个关键因素；此外，在水分变化引起土壤变干或土壤再饱和条件下阻隔系统的自我修复特性也相当重要。

3.2.5　化学氧化技术

化学氧化修复技术主要是通过向土壤中添加氧化能力较强的氧化剂，使其与土壤中有机污染物反应，进一步将污染物质转化或降解为无毒或低毒物质的技术。目前常用的氧化剂主要包括过氧化氢、高锰酸盐、Fenton 试剂、臭氧及过硫酸盐等。

3.2.5.1　常用氧化剂

A　过氧化氢

过氧化氢是一种常见的消毒剂，其氧化还原电位为 1.77V，易于获得，且其与有机污染物反应后的产物为 CO_2 和 H_2O，不存在二次污染，但非常不稳定，容易分解，因此若采用其作氧化修复剂，需采取多次加入的方式。

B　Fenton 试剂

在传统的 Fenton 反应中，将 H_2O_2 溶液和含有 Fe^{2+} 的溶液混合，该反应首先通过 H_2O_2 的分解产生 OH·，然后 OH·和有机污染物反应，将其分解为较小分子量的有机物或者通过进一步反应，将有机污染物矿化为对环境无害的 CO_2 和 H_2O。OH·自由基的氧化能力仅次于氟，其氧化还原电位为 2.8V，Fenton 反应若想取得较好的效果，其最适宜的 pH 值应在 3~5 之间，但是 pH 值过低，会影响土壤的性质，土壤中微生物的活性也会有所降低，对生态系统造成一定的危害。另外，H_2O_2 和 Fe^{2+} 之间也存在一个最佳比例，否则亦会影响对有机污染物的去除效果。

C　高锰酸钾

高锰酸钾是一种常见的固体氧化修复氧化剂。由于具有高的氧化还原电位、不易分解、易于监测、易于运输与储存、受 pH 值（最佳为 7~8）影响较小的特性，所以被广泛应用于土壤中和地下水中各种有机污染物和无机污染物的降解，如硫化物、氰化物、烯烃、有机氯、酚类，农药、多环芳烃等。据调查，135 个原位化学氧化修复案例中，65% 以上的修复剂为高锰酸钾。

D　臭氧

臭氧是一种活性较高的消毒剂和氧化剂，已广泛应用于化学工业中饮用水的处理。近年来，越来越多的研究开始将臭氧应用于污染土壤的修复，不管是原位修复还是异位修复，臭氧均表现出良好的去除效果，尤其是对含有不能被传统土壤通风去除的低挥发性或无挥发性的有机污染物，臭氧修复表现出巨大的潜力。与其他氧化剂相比，气态的臭氧更易于和土壤或水体中的污染物接触进而反应，其适用的 pH 值 ≤7。而臭氧和污染物反应后生成的氧气利于水体或土壤中的微生物进一步和污染物反应，因此很多研究常将生物法和臭氧结合来达到更好的修复效果。

E　过硫酸盐

过硫酸盐在环境应用方面是一项较新的氧化技术，过硫酸钠（$Na_2S_2O_8$）和过硫酸钾（$K_2S_2O_8$）是最常用的过硫酸盐，但由于 $K_2S_2O_8$ 溶解性较低，使其应用受到了限制。过硫酸盐溶解在水中后生成 $S_2O_8^-$ 离子，$S_2O_8^-$ 离子的氧化还原电位为 2.0V，在和有机污染物反应时较慢，同改性 Fenton 试剂类似，Fe（Ⅱ）离子的加入，能够活化 $S_2O_8^{2-}$，产生具有更强氧化能力的 SO_4^-·（硫酸根自由基）。硫酸根自由基的氧化还原电位为 2.6V，能够将很多有机污染物氧化降解。

3.2.5.2　影响因素

土壤中污染物的降解不仅和氧化剂的氧化能力有关，还受到很多环境因素的影响，如土壤含水量、温度、土壤酸碱度、有机质含量等。

对于固体和液体氧化剂，如过氧化氢、高锰酸钾等，土壤含水量适当的增加有利于破碎土壤结构，使污染物更易从土壤中解吸，从而增大和氧化剂反应的污染物分子量，取得更好的降解效果；对于气体氧化剂，如臭氧，土壤含水量的增加则不利于其对污染物降解效率的提高，原因是含水量增加使得污染物不易和气态的臭氧接触，从而影响其对污染物的降解效果。

氧化剂和污染物的反应还会受到环境温度的影响，并且不同的氧化剂受温度的影响各不相同。通过实验证明，过硫酸钠对三氯乙烯的去除率随温度的升高而增加。土壤酸碱度即土壤的 pH 值，是土壤重要的化学性质，对土壤的肥力、植物的生长和微生物的活动等都有着重要的影响。pH 值的大小对化学氧化剂降解污染物也有着很大的影响，尤其是 Fenton 试剂。

土壤有机质包含腐殖质和非腐殖质两大部分，虽然其在土壤中的含量很微小，但是它能够有效改善土壤的化学性质和物理结构，利于土壤团粒结构的形成，从而进一步促进植物和农作物的生长。但是土壤中有机质含量越高，越不利于氧化剂和污染物的反应，这是由于有机质也可以和氧化剂反应，从而使与污染物反应的氧化剂的量减少。

3.3 污染地下水修复

填埋场地下水污染主要由渗滤液渗入导致，由于渗滤液的特性受垃圾组分、填埋时间、填埋工艺、填埋方式、填埋场运行管理方式、气象条件等因素的影响，而且渗入的污染物衰减也受到包气带和含水层中的稀释、吸附、离子交换、沉淀、氧化还原以及微生物的降解等作用的影响，因此，导致不同地区填埋场地下水受污染的程度差异较大，其中华东、华北地区污染最为严重，西北地区相对较轻。生活垃圾填埋场地下水污染物主要包括普遍性污染物、局部性污染物和点源性污染物。其中：（1）普遍性污染物主要包括氨氮、硝酸盐、亚硝酸盐、化学需氧量、总硬度、氯化物、铁、锰、总大肠菌群、挥发酚等；（2）局部性污染物主要包括总磷、溶解性总固体、氟化物、硫酸盐、细菌总数、铬（六价）等；（3）点源性污染物主要包括三氯苯、镉、铅、汞、碘化物等。

抽出处理技术是一种异位快速处置技术，是根据地下水污染范围，将抽水井布设在选好的井位上，通过水泵和水井将污染的地下水从含水层中抽出，送往水处理厂进行处理，再将处理后的水供给用户或回灌到含水层。基本原理是通过在污染场地设置抽/注井，进行抽水或注水。在抽水过程中，水井水位下降，在水井周围形成地下降落漏斗，使周围地下水不断流向水井，减少污染物的扩散，从而改变局部地下水流场，形成水力隔离带，切断水力联系，并将大量污染物抽出。

按照井群的布置方式可以分为多种类型，包括：（1）在污染场地上游的抽/注水井群，通过在上游抽/注水，形成分水岭或降落漏斗，防止上游未污染的水进入污染区；（2）在污染场地的下游设置抽/注井群，通过在下游抽/注水，防止污染区地下水流向下游未污染区域；（3）在污染场地内部设置抽水井，抽出污染物的同时控制污染物的扩散。前两者主要是为了控制污染物的扩散或洁净的水进入污染区域；后者主要是对地下水进行修复。典型的抽提技术工艺如图 3-2 所示。

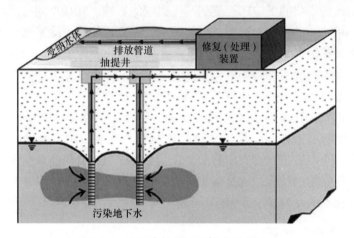

图 3-2　地下水抽出处理技术示意图

地下水抽出处理技术的修复机制主要包括两个方面：（1）控制污染物的扩散：抽提地下水的过程改变了地下流场，通过该水力流场的改变，拦截污染进一步扩散。（2）移除地下水中溶解相污染物：通过抽提作用将地下水环境中溶解相污染物质移至地表进行处理。地下水抽出处理系统包括地下水抽出系统、污染物处理和排放系统和地下水监测系统。主要设备包括钻井设备、建井材料、抽水泵、压力表、地下水水位仪、地下水在线监测设备、污水处理设施等。

抽出后的地下水可采用地表废水处理方式进行处理，处理方法主要采用生物法和物理化学法两类。根据美国环保署 EPA 归纳总结，抽出后的地下水处理方法主要有：（1）生物法。包括活性污泥处理系统、SBR 序批式处理系统、活性炭-活性污泥处理系统、生物转盘、好氧流化床等。（2）物理化学法。包括空气吹脱、活性炭吸附、离子交换、反渗透、化学沉淀、化学氧化、过滤和紫外线氧化等。

3.3.1　技术适用条件及过程监测

3.3.1.1　技术适用条件

地下水抽提处理技术的适用条件有：（1）修复前提条件：需将场地内污染源去除；（2）适用于中至高渗透性含水层，一般要求渗透系数 $k > 10^{-5}$ cm/s；（3）

较均质的地层条件；（4）无需短时间内完成修复。

3.3.1.2　修复过程的监测

抽提处理监测系统的设计是抽提处理技术的重要环节。监测系统的设计主要包括水位水量监测和水质监测两部分。（1）水位水量监测。抽出处理系统主要在修复区域内及修复边缘设置监测井，通过对地下水位的定期监测，定期绘制地下水流场图，确保场地内抽提井的运行泄降影响范围覆盖整个修复区域。同时，定期监测评估含水层出水量及各抽水井抽水量；分析评估监测数据并不断调整优化抽提井布设和运行参数。（2）水质监测。水质监测包括含水层水质监测和地表处理系统进出水质监测。含水层地下水水质监测包括监测污染源，污染源上、中、下游及周边地下水水质。监测项目包括：地下水中污染物浓度；是否有NAPL的存在及其厚度；可能影响地表处理系统的化学物质含量，如铁离子；重要化学反应因子，如溶解氧、二氧化碳、生物降解反应产物含量等。地表水进出口水质的监测指监测废水处理设施进出口的水质，以确保处理系统的运行效果和处理出水达标。此外，可通过采样分析修复区含水层土壤中污染物的含量，以监测修复区中未溶解的污染物含量和消减量。

3.3.2　优化措施

由于场地地下环境的复杂性及场地污染的特征各异，地下水抽提处理工程实施需根据抽提处理运行过程中的情况反馈动态地优化布井位置、花管段位置和抽水率等运行参数，以提高抽提处理效率。根据发达国家相关研究及工程经验，对地下水抽提处理技术的优化措施包括：（1）兼顾污染源的去除和污染源的控制。地下水抽提处理的首要设计原则便是达到污染源的去除和污染晕的控制，此处污染源指场地地下水污染的源头或者为场地污染最严重的区域。抽提井的布置方式为在地下水污染源内下游边缘区域设置一排抽提井，同时在污染最严重的区域内均匀布设抽提井以去除高浓度污染地下水，从而避免进一步扩散至周边区域。（2）分阶段建井。采用分阶段建井的方式，可以根据前一阶段的抽水监测数据随时调整优化后一阶段的布井及抽水方式。（3）脉冲式抽水。由于土壤和地下水中的污染物一直在进行交替迁移转化，当地下水中污染物被抽出后，土壤中的污染物又会不断地溶解进入新补充的地下水中，因此，在抽提过程中，采用脉冲式的抽水方式，有利于将地下水中污染物抽出，提高修复效率。

3.3.3　技术优缺点

由于污水处理技术已经比较成熟，只要能够将污染水连同地下水抽到地面，后续处理难度可控，因此该技术适用于多种污染物，可控性较高，风险小。

地下水抽提处理技术应用优势：（1）修复技术工艺原理简单，设备操作维护较为容易；（2）对含水层破坏性低；（3）可直接移除地下水环境中污染物并同时控制污染物的扩散；（4）可以灵活与其他修复技术联合应用。

为了防止污染地下水的迁移扩散，也为了抽提工作量的计量，通常在污染地下水范围外根据污染深度设置止水帷幕。若不封闭污染源，当停止抽水时，会产生严重的拖尾和反弹现象。

受当地水文地质条件限制，由于含水层介质与污染物之间的作用，随着抽水工程的进行，抽出的污染物浓度变低，出现拖尾现象，而停抽后地下水中污染物浓度又有升高，存在回弹现象，所以抽出处理技术存在污染物抽取效率变差问题。地下水抽提技术不适用于吸附能力较强的污染物或者渗透性较差的地质区域。

就地封场修复技术

4.1 概述

随着越来越多标准化城市生活垃圾填埋场的建成和投入使用，原有简易生活垃圾填埋场综合治理被各级环境管理部门日益重视。近年来由政府主导的对原简易垃圾填埋场进行整治的工作也陆续展开。就地封场修复技术是目前国内外简易垃圾填埋场整治应用最普遍的一种办法，即根据《生活垃圾卫生填埋场封场技术规程》（GB 51220—2017）与《生活垃圾卫生填埋处理技术规范》（GB 50869—2013）的要求，对现有非正规垃圾堆放点/简易填埋场采取垂直防渗、地下水阻隔、封场覆盖、渗滤液处置、填埋气体收集处置等工程措施。具体包括对垃圾堆体进行必要的整形，修筑平台、盘山道、边坡排水渠与雨水边沟，对渗滤液进行定向收集导排；对垃圾堆体进行最终覆盖及植被恢复；建设填埋气体集中收集处理系统，消除垃圾堆体的安全隐患及臭味；有效降低渗滤液产量，有效控制填埋气体及渗滤液对周边环境的污染，改善景观，达到生态恢复的目的（见图4-1）。

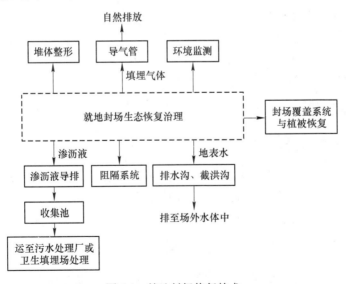

图 4-1 就地封场修复技术

就地封场修复方案具有施工工期短、见效快、费用低，操作简单，可有效降低对周围环境污染，土地资源可开发利用等优点；缺点是渗滤液污染虽然可以得到有效控制，但短期内还会有少量渗滤液渗入地下。一般地，该技术适用于位于非敏感区域且土地无其他用途、未基本稳定，且填埋垃圾量大于 1000m³ 或转运距离超过 25km 的非正规垃圾填埋场/堆放点。

就地封场修复系统应包括垃圾堆体整形、覆盖工程、地下水污染控制工程（当地下水受到填埋场污染时）、垃圾堆体绿化、环境与安全监测、封场后维护与场地再利用等。当原系统不完善时，还应包括填埋气体收集处理与利用工程、渗滤液导排与处理工程、防洪与雨水导排工程等。封场工程应优先利用填埋场原有的设施或对原有设施进行改造。

垃圾堆体整形方案应根据现状垃圾堆体整体形状、垃圾堆体稳定性、土地再利用要求等因素确定。垃圾堆体整形施工前，应勘察分析场内发生火灾、爆炸、垃圾堆体崩塌等安全事故的可能性和隐患点，并制定防范措施。

应对垃圾堆体进行稳定性分析，并应根据稳定性分析结果确定实施边坡加固和防护措施。垃圾堆体的顶部坡度宜为 5%～10%，坡度的设置应考虑堆体沉降因素，防止因沉降形成倒坡。修整后的垃圾堆体边坡坡度不宜大于 1∶3，并应根据当地降雨强度和边坡长度确定边坡台阶及排水设施的设置方案，边坡台阶两台阶之间的高差宜为 5～10m，平台宽度不宜小于 3m。

堆体整形设计应满足封场覆盖层的铺设和封场后生态恢复与土地利用的要求，应进行挖方和填方平衡计算，做到在满足边坡坡度要求的条件下使堆体整形总挖方和填方量最小，且基本平衡。

垃圾堆体上实施机械挖方作业时，应采用分层浅挖作业法，不得进行快速深挖，应分层压实垃圾。在垃圾堆体整形施工过程中，对暴露的垃圾表面应采用低渗透性的覆盖材料进行临时覆盖，防止臭味散发、雨水进入及产生扬尘。垃圾堆体上出现的裂缝、沟坎、空洞等应充填密实。

4.2　覆盖系统

4.2.1　防渗材料选择

目前，在国内外使用较多的防渗材料包括压实黏土、土工薄膜和土工合成黏土层三种，实际使用时通常为三者混合使用。近年来，利用污泥和粉煤灰等废料改性制作覆盖材料的研究也在逐步开展。

4.2.1.1　压实黏土

压实黏土是使用历史最悠久，同时也是使用最多的防渗材料。

压实黏土的优点在于：成本低（如果土源能就地解决而不需要从其他地方搬运的话），施工难度小，有一套成熟的规范（包括实验室测试指标和现场操作方式），可以参考的经验多。使用时，往往铺设 30～60cm，被石子刺穿的可能性小，同时也不易被复垦植被的根系刺穿。

压实黏土的缺点：与其他防渗材料相比，压实黏土的渗透系数偏大，防渗性能较差，使用时需要的土方多，施工量大，施工速度慢，并且施工时若压实程度不够的话，现场实际的防渗系数将与试验室充分压实条件下得出的数据有很大出入。压实黏土的另一个不尽如人意之处是容易因为干燥、冻融收缩产生裂缝，防渗性能迅速下降，在封场完成以后，产生裂缝难以修复。此外，黏土的抗拉性能较差，最大拉伸形变比为 0.1% ~ 1%（最大拉伸长度比上黏土土体长度），对填埋场的不均匀沉降性能要求较高，直观地说，就是在填埋场表面直径为 5m 的范围，其中心沉降不能超过 0.125 ~ 0.25m。

4.2.1.2　土工薄膜

土工薄膜在过去的十几年里渐渐被许多填埋场采用，土工薄膜的种类较多，目前应用最广的是高密度聚乙烯（HDPE）。

优点：防渗性能好，土工薄膜本身是不透水的，它的渗水主要是因为板材成型工艺过程中造成的针孔、微隙，渗透系数不超过 10^{-10} cm/s，大大低于黏土，施工时，仅需铺设 1 ~ 3mm 的土工薄膜就可满足防渗要求，节约填埋空间。土工薄膜的抗拉伸性能与合成的材料有关，但都比黏土要好。据研究，HDPE 的最大抗拉伸形变比为 5% ~ 10%，对填埋场不均匀沉降的敏感性远小于黏土。

缺点：容易被尖锐的石子刺穿。聚合物本身存在着老化的问题，并可能遭受到化学物质、微生物的冲击；施工过程中的焊合接缝处容易出现接触张口；抗剪切性能差，对上层覆土进行压实时薄膜可能会因不均匀受压而损坏；遇到大风天气无法施工，因为大风有可能把薄膜撕裂。

单独使用土工薄膜的安全性比较差，实际使用时往往把薄膜铺设在压实黏土上，组成复合防渗层，以获得更好的效果。很多发达国家明文规定在填埋场终场覆盖中必须使用一层或一层以上的复合防渗层。

4.2.1.3　土工合成黏土层

土工合成黏土层是近 10 年内逐渐被人们接受并采用的一种防渗材料，一般是用土工布夹着一层膨润土。土工布是一种透水的聚合材料，广泛应用于岩土工程。膨润土渗透系数非常低、具有吸胀性，含有的矿物质主要是蒙特石。

土工合成黏土层的优点：渗透系数比压实黏土低，但一般比土工薄膜高。抗拉伸能力强，最大抗拉伸形变比 10% ~ 15%，对垃圾填埋场差异性沉降的敏感性低。与压实黏土相比，它的体积小，节约空间，施工量小，可以迅速铺好，发生损坏后可以迅速修复。

土工合成黏土层的缺点：膨润土吸湿膨胀后，抗剪切性能变差，这就使得斜坡的稳定安全性成了问题。由于施工铺设的厚度小，容易被尖锐的石子或是被复垦植被的根系刺穿。含水率低的膨润土是透气的，因此，在干燥季节，甲烷等气体可以透过土工合成黏土防渗层抵达复垦层，对复垦植被的生长造成危害，并有可能泄漏到空气中造成空气污染。

4.2.2 覆盖系统设计

覆盖系统应具有排气、防渗、排水、绿化等功能，宜采用如图4-2所示的结构。通常由五层组成，从上至下为绿化土层、保护层、排水层、防渗层（包括底土层）和排气层。其中，排水层和排气层并不一定要有，应根据具体情况确定。排水层只有当通过保护层入渗的水量较多或者对防渗层的渗透压力较大时才是必要的；而排气层只有当填埋废物降解产生较大量填埋气体时才需要。各结构层的作用、材料和使用条件列于表4-1中。

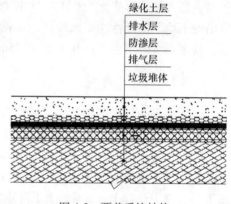

图 4-2 覆盖系统结构

表 4-1 填埋场终场覆盖系统

结构层	主要功能	常用材料	备注
绿化土层	取决于填埋场封场后的土地利用规划，能生长植物并保证植物根不破坏下面的保护层和排水层，具有抗侵蚀等能力，可能需要地表排水管道等建筑	可生长植物的土壤以及其他天然土壤	需要有地表水控制层
保护层	防止上部植物根系以及挖洞动物对下层的破坏，保护防渗层不受干燥收缩、冻结解冻等破坏，防止排水层的堵塞，维持稳定	天然土等	需要有保护层，保护层和表层有时可以合并使用一种材料
排水层	排泄入渗进来的地表水等，降低入渗层对下部防渗层的水压力，还可以有气体导排管道和渗滤液回收管道等	砂、砾石、土工网格、土工合成材料、土工布	此层并非必须的，只当通过保护层入渗的水量较多或者对防渗层的渗透压力较大时才是必要的
防渗层	防止入渗水进入填埋废物中，防止填埋气体逸出	压实黏土、柔性膜、人工改性防渗材料和复合材料等	需要有防渗层，通常有保护层、柔性膜和土工布来保护防渗层，常用复合防渗层
排气层	控制填埋气体，将其导入填埋气体收集设施进行处理或利用	砂、土工网格土工布	只有当废物产生大量填埋气体是才是必须的

4.2.2.1 绿化土层

垃圾堆体覆盖层上部应铺设绿化用土层，土层厚度不宜小于 500mm；绿化土层应分层压实，压实度不宜小于 80%。

应根据拟种植的植物特性确定绿化土层表面的施肥和翻耕施工方法。

4.2.2.2 排水层

排水层应选用导水性能好的材料，其渗透系数应大于 1×10^{-3} m/s。

垃圾堆体顶部宜选用碎石作为排水层，堆体边坡宜选用复合土工排水网作为排水层。当采用碎石作为排水层时，碎石排水层厚度不宜小于 300mm，粒径宜为 20~40mm，上部宜铺设 200g/m² 土工滤网。

边坡复合土工排水网厚度不宜小于 5mm，搭接重叠宽度不宜小于 300mm，且应采用塑料绳拴接，沿搭接缝的拴接点间距不宜大于 500mm。

排水层与堆体表面排水沟相接处应设置穿过沟壁的排水短管，排水短管沿排水沟纵向的间距不宜大于 2m。

4.2.2.3 防渗层

防渗层可选用人工防渗材料或天然黏土。

如果土工膜作为主防渗层，应符合以下要求：具有良好的抗拉强度或抗不均匀沉降能力；渗透系数应小于 1×10^{-12} cm/s；应具有良好的抗老化性能，使用寿命应大于 30 年；可选用高密度聚乙烯（HDPE）或线性低密度聚乙烯（LLDPE）土工膜，厚度宜为 1~1.5mm；土工膜上下部应设置保护层，防止土工膜遭到破坏；边坡上宜采用双糙面土工膜，并应在边坡平台上设土工膜锚固沟；应与场底防渗层进行有效焊接或搭接。

土工膜上下部保护层可选择压实黏土，压实黏土层厚度不宜小于 300mm，压实度不宜小于 85%，渗透系数不宜大于 1×10^{-5} cm/s。其中，上保护层可选择复合土工排水网，厚度不宜小于 5mm，网格孔径应小于上部排水层碎石的最小粒径。

若用天然稀土作为主防渗层，则黏土层平均厚度不宜小于 300mm，应进行分层压实，顶部压实度不宜小于 90%，边坡压实度不宜小于 85%。黏土层表面应平整光滑，渗透系数应小于 1×10^{-7} cm/s。

4.2.2.4 排气层

排气层设置方案应根据工程实际需要和场地条件选择。未用土覆盖的垃圾堆体宜选择连续排气层，全场已覆盖土层的垃圾堆体可选择排气盲沟。排气层和排气盲沟应与垂直导气井连接。

排气层可采用碎石等颗粒材料或导气性较好的土工网状材料。垃圾堆体边坡宜采用土工网状材料作为排气层。

排气层采用碎石等颗粒材料时，碎石等颗粒材料应耐酸性气体腐蚀，碳酸钙含量不应大于10%。垃圾堆体顶部铺设厚度不宜小子300mm，粒径宜为20~40mm。碎石（颗粒材料）上面应铺设不小于300g/m²的土工滤网，碎石与垃圾之间应铺一层孔径小于碎石最小粒径的土工滤网，规格宜为200g/m²。

采用碎石排气盲沟时，盲沟断面宜不小于500mm×500mm，碎石宜采用200g/m²土工滤网包裹。

当排气层采用土工网状材料时，土工网状材料厚度不宜小于5mm，网状材料上下应铺设土工植网，防止颗粒物进入排气层。设有填埋气体回收利用系统的封场工程，排气盲沟内宜设置与垂直集气井相连接的水平集气花管，集气花管宜采用高密度聚乙烯管材，集气花管的管径不宜小于50mm，开孔率宜为1%~2%。

4.3 地下水污染控制工程

4.3.1 总体原则

当填埋场周边地下水受到污染时，应采取地下水污染控制措施。地下水污染控制措施应根据现状调查确定地下水污染的原因、程度，有针对性地选择一种或多种控制措施：

（1）阻隔技术。可以在垃圾堆体周边设置垂直防渗，也可以在垃圾堆体所在区域地下水流向的上游设置垂直防渗，或者在垃圾堆体所在区域地下水流向的下游设置垂直防渗，并在垂直防渗设施内侧，即靠近垃圾堆体一侧实施地下水抽排。另外，如果填埋场出现以下任意情况时，应在垃圾堆体周边或局部实施垂直防渗措施：1）当垃圾堆体周边10m以内存在建（构）筑物，且填埋气体存在地下迁移的可能时，在建（构）筑物与垃圾堆体之间应设置地下垂直防渗墙；2）填埋场无场底防渗或防渗层破损较严重，且填埋场下游地下水已受污染；3）填埋区地下水水位接近或超过场底防渗层，且场底无地下水导排设施。

（2）填埋场场底防渗层修复。当检测到填埋场地下水（或膜下水）受到污染时，应对场底防渗层进行破损检测，有条件的可进行防渗层渗漏位置探测。当探测到填埋场场底防渗层渗漏位置时，可实施防渗层修复。防渗层修复方案应根据破损状况、垃圾深度、场底地质条件、经济合理性、技术可行性等情况，经技术经济比较后确定。

（3）堆体内渗滤液抽排。对于渗滤液导排不畅造成垃圾堆体水位过高的，可采用在垃圾堆体打井抽排或布设水平盲沟导排的方式降低渗滤液水位。

（4）地下水收集与处理。当填埋场场底地下水已被污染时，可对地下水实施截流，截流措施应考虑防止场外地下水向场内流动和防止场内地下水向场外扩散。地下水实施截流后应将其导出，并将其纳入渗滤液处理系统进行处理。采用双层防渗层的填埋场，如监测到上层防渗层渗漏，应单独收集上层防渗层渗漏的水，并将其纳入渗滤液处理系统进行处理。

4.3.2 垂直防渗系统

垂直防渗的应用前提是下方存在满足技术标准要求的不透水层，一般要求构筑垂直防渗墙时，墙体能够深入上述不透水层内2m，因此，垂直防渗的应用与否以及应用方式的选择还与不透水层的深浅和边界条件有关。

在老填埋场整治工程中，如果不清除填埋废物，显然无法做到基础水平防渗，在这种情况下，垂直防渗系统就显得特别重要，即垂直防渗可以作为填埋场发生渗漏时的一种补救措施。

垂直防渗系统总体方案应根据垃圾堆体周边地下不透水层深度、不透水层上部各地质构造层特性及垃圾堆体周边地面设施情况等因素经技术经济比较后确定。垂直防渗系统应符合行业标准《生活垃圾卫生填埋场岩土工程技术规范》（CJJ 176—2012）的有关规定。

垂直防渗系统包括打入法施工的密封墙、工程开挖法施工的密封墙和土层改性法施工的密封墙等。

4.3.2.1 打入法施工的密封墙

打入法施工的密封墙是利用打夯或液压动力将预制好的密封墙体构件打入土体，根据施工方法不同还可以分为板桩墙、窄壁墙和挤压密封墙。

板桩墙是将预制好的板桩构件垂直夯入基础中，夯入时，板桩间要用板桩锁连接，两板桩间要有重叠，间隙要保持闭合或进行密封，防止渗漏。

窄壁墙施工方法是通过向土体夯进或振动，将土层向周围土体排挤形成密封墙中央的空间，把密封板放入空间中，再用注浆填充缝隙形成密封墙体。

挤压密封墙使用板桩作为夯入件，打入到所要求的深度，夯入件在土体中排出一个封闭的空间槽，再注浆填充，注浆材料主要是由骨料、水泥、膨润土和石灰粉加水混合而成的土状混凝土。

4.3.2.2 开挖法施工的密封墙

开挖法施工的密封墙是通过土方工程将土层挖出，然后在挖好的沟槽中建设密封墙。

目前国内外地下连续墙开槽机械主要有抓斗式、回转式、冲击式，由于受机械构造和技术等因素限制，所能达到的墙体厚度一般在600~1200mm，造价较昂贵（600~1000元/m²），为降低造价，可采用150~400mm左右的薄墙。

悬臂式链条开槽机是垂直防渗系统开挖的有效工具，其一般最大开挖深度为12m，常采用泥浆护壁以防止壁槽塌落，在施工密封墙时由注浆材料把护壁浆液挤出，密封材料可由塑性材料（Ca、Na膨润土，黏土）、骨料、水泥、水和添加剂（稳定剂、挥发剂等）配置而成，但有时还达不到填埋场的垂直防渗要求，需要采用防渗膜与矿物材料构成复合垂直防渗系统。

垂直铺塑适用于各种砂壤土、亚黏土、砂砾石和砂层的防渗处理，垂直铺塑的关键是能否开出规则而连续的沟槽，垂直铺塑施工的基本工艺流程：开沟造槽→铺设防渗膜（板）→沟槽回填。

4.3.2.3 土层改性法

土层改性法是利用填充、压密等施工方法使原土的空隙率缩小，降低土的渗透性而形成密封墙。在填埋场和污染治理方面应用较多的是原状土就地混合密封墙、注浆墙和喷射墙。

垂直防渗的可靠性受到防渗材料和施工工艺的影响。采用灌浆方法时，灌浆的渗透性与浆液的起始水灰比、水泥含量及养护龄期等一系列因素有关，黏土水泥结石的渗透性见表4-2。实际工程中，水泥灌浆帷幕存在溶蚀现象，不过过程比较缓慢，见表4-3。

表4-2　黏土水泥结石的渗透性

序号	黏土含量/%	龄期/d	渗透系数/cm·s^{-1}
1	50	10	7.4×10^{-7}
2	50	30	4.0×10^{-7}
3	75	14	1.5×10^{-6}

表4-3　水泥灌浆帷幕化学溶蚀资料

坝高/m	水泥耗量/N·m^{-1}	氧化钙损失率/%	观测时间/a
36	120	5	8
124	1200	0.2	3
65	640	0.02	5

相关研究表明，采用注浆方法构筑防渗墙，浆液可利用水泥浆液，并用黏土或膨润土和化学凝固剂或液化剂作为添加剂。当使用525号普通硅酸盐水泥与膨润土的混合浆液时，防渗墙渗透系数可达到$10^{-6} \sim 10^{-7}$cm/s；用超细水泥代替普通硅酸盐水泥后防渗效果会有所提高，但造价增加较多；采用改性环氧树脂、丙烯酸盐及木质素类化学灌浆材料，渗透系数可达10^{-8}cm/s。需要注意的是：水泥浆液不能注入砂层，特别是不能应用在砾石层和带有裂缝和孔隙的岩层；如果采用化学灌浆，必须注意地下水污染危险的问题。灌浆注入的程度与灌浆压力、浆液特性和土的有效孔隙度、渗透性能有关，为了确定灌浆参数和灌浆孔的间距，

必须进行现场试验。

施工工艺对防渗墙的整体防渗效果影响也较大：采用打入法施工时，要保证夯入件之间的闭合或封闭，钻孔桩防渗墙由于接缝较多，整体渗透系数大于地下连续墙。大多数防渗墙的设计，应要使墙体是连续的、有足够的厚度并嵌入低渗透性土层足够的深度，以保证良好的密封性。一般来说，地下连续墙是填埋场或污染场地最适合的围护方法，而且还能更准确地识别是否穿过不透水层。

国内在卫生填埋防渗技术的使用上，以杭州天子岭填埋场为样板的帷幕灌浆垂直防渗技术在早期大面积推广，但各地也出现一种倾向，即不考虑应用此技术的前提条件是独立的地下水文单元和独立的地下地质单元等就照抄照搬，以致造成下游水体的污染。事实上，杭州天子岭填埋场下游监测井的地下水已有恶化趋向，虽然原因未明确，但该场已考虑在二期工程中采用 HDPE 膜水平防渗或兼顾水平与垂直防渗。在填埋场防渗墙防渗效果检测方面，目前没有特别有效的手段，常以下游地下水监测井中的水质数据来监测是否发生渗漏。杭州天子岭填埋的监测数据表明，地下水有缓慢恶化的趋势，但是防渗墙渗漏还是由于其他原因尚不得而知。

根据相关填埋场的垂直防渗使用状况，从使用安全角度考虑，宜提高垂直防渗的安全系数。

4.4 填埋气体导排收集、处理与利用工程

填埋气体导排收集、处理与利用总体方案的确定应符合行业标准《生活垃圾填埋场填埋气体收集处理及利用工程技术规范》（CJJ 133—2009）的有关规定。

经监测存在填埋气体地下迁移现象时，应采取防止气体向场外迁移的工程措施。可根据垃圾堆体的实际情况和特点选择采用垂直导排井、水平导排盲沟或井和盲沟混合式填埋气体导排系统。应根据封场后填埋气体产生速率逐渐降低的规律，适时调整气体导排设施的导排流量和抽气设备的抽气量。

封场前无气体导排收集设施的垃圾堆体，应设置填埋气体导排收集设施，宜采用钻孔法设置导气管（见图4-3）。

用钻孔法设置导气管时，钻孔深度不应小于垃圾填埋深度的 2/3，但井底距场底间距不宜小于 5m，若场底有防渗层，应有保护场底防渗层的措施；导气管应采用高密度聚乙烯等高

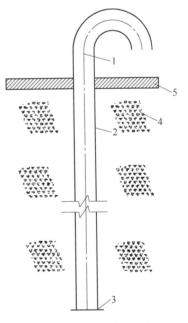

图 4-3　导气管结构图
1—实管；2—穿孔管；3—盲板；
4—垃圾层；5—封场覆盖层

强度耐腐蚀的管材，管内径不应小于100mm；中心多孔管穿孔宜用长条形孔，在保证多孔管强度的前提下，多孔管开孔率不宜小于2%。

4.5 渗滤液收集处理

4.5.1 总体原则

封场前无渗滤液导排设施或导排设施堵塞的垃圾堆体，封场工程应考虑设置渗滤液导排设施，渗滤液导排设施的设置应符合下列规定：

垃圾堆体上设置的渗滤液垂直导排井应与填埋气体导排井共用，当填埋气体导排井不适于进行渗滤液导排时，可单独建设渗滤液导排井。新设置的垂直导排井底部距场底渗滤液导排层的距离应保证场底防渗层的安全，并应满足控制水位低于堆体警戒水位的要求。

堆体边坡出现渗滤液溢出现象时，应在垃圾堆体坡脚或渗滤液溢出处设置导排沟，有条件的地方可设立渗滤液导排井。

单独建设的渗滤液导排井应符合下列规定：（1）渗滤液垂直导排井直径 φ 不宜小于800mm；（2）中心集水管宜采用高密度聚乙烯管材，直径不宜小于200mm；（3）垃圾层中集水管应为多孔管，开孔宜为条形孔，开孔率宜为2%；（4）利用垂直导排井导排渗滤液时排水设备应具有防爆性能。渗滤液垂直导排井结构如图4-4所示。

在垃圾堆体地势低处设置渗滤液收集池，收集池应做防腐防渗处理，且应满足7天及以上的渗滤液储存量，收集池顶部需加盖并设置气体导排设施。

封场前无渗滤液处理设施的，封场工程应考虑渗滤液处理。渗滤液处理方案可根据产生渗滤液的水质、水量选择送往生活污水处理系统或卫生填埋场渗滤液处理系统处理，渗滤液处理方案应征求当地环保部门或其他主管部门同意。

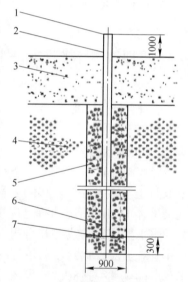

图 4-4 渗滤液垂直导排井结构
1—压缩空气排水装置法兰连接接口；
2—中心集水管；3—覆盖层；4—垃圾层；
5—回填碎石滤料；6—多孔管；7—盲板

4.5.2 渗滤液收集系统

渗滤液收集系统通常由排水层、集水槽、多孔集水管、集水坑、提升管、潜水泵和集水池等组成。如果渗滤液能直接排入污水管，则集水池也可不要。所有这些组成部分都要按填埋场暴雨期间较大的渗滤液产出量设计，并保证该系统能长期运转而不遭到破坏。

垃圾渗滤液一般通过设置在密封层之上的排水层或者通过敷设在防护层中的排水系统进行排水。设计的排水层要求能够迅速地把渗滤液排掉，这一点十分重要，其原因一是垃圾中出现壅水会使更多垃圾浸在水中，从而增加渗滤液净化处理的难度；二是壅水会对下部密封层施加荷载，有使地基密封系统因超负荷而受到破坏的危险。

设计排水层和排水系统时，可以考虑把传统式排水系统设置在防护层内，该防护层由渗水性很小的细粒材料组成。排水系统的组成部分包括收集系统、输送系统（主要集水管和支管）以及渗滤液检查井。在天然密封层中采用带有排水系统的防护层更为适宜。

A 水平收集系统

利用高渗透性的粗大颗粒组成的排水层有两种形式：不带收集管（渠）、带有辅助收集管（渠）。排水层中装有收集管（渠），可以提高整个排水层的排水能力，收集管（渠）由带长条缝的管道组成，或者采用排水槽的形式。

B 垂直收集系统

垃圾填埋场一般分层填埋，各层垃圾压实后，覆盖一定厚度黏土层，起到减少垃圾污染及雨水下渗作用，但同时也造成上部垃圾渗滤液不能流到底部导层，因此需要布置垂直渗滤液收集系统。

在填埋区按一定间距设立贯穿垃圾体的垂直立管，管底部通过短横管与水平收集管相通，以形成垂直收集系统，通常这种立管同时也用于导出垃圾气体，称为排渗导气管。管材采用高密度塑料穿孔花管，在外围套上套管，并在套管上与多孔管之间填入滤料，在周围垃圾压实后，将套管取出，随着垃圾层的升高，这种设施也逐渐加高，直至最终高度，底部的垂直多孔管与底衬中的渗水管网相通，这样中层渗滤液可通过滤料和垂直多孔管流入底部的排渗管网，可提高整个填埋场的排污能力。排渗导气管的间距要考虑填埋作业和导气的要求，要按 $30 \sim 50m$ 间距交错布置。排渗导气管随着垃圾层的增加而逐段增高，较高的管下部要求设立基础。

C 输水管道系统

输水系统的任务是从垃圾底部将渗滤液向外输导。排水管道需要进行水力和静力作用测定或计算，其公称直径至少应为 $100mm$，最小坡度应为 1%。选择材质时，应当考虑到垃圾渗滤液有可能对混凝土产生的侵蚀作用。应当尽量把集水管道设置成直管段，中间不要出现反弯折点。还应当注意，第一次铺放垃圾时，不允许在集水管位置上面直接停放机械设备。通常情况下垃圾层厚度为 $2m$，这样地基层受压不致过大，密封层和排水管道也不致遭到破坏。

另外，排水管道通常利用具有一定承载能力的滤粒围置，滤粒的覆盖厚度不允许超过管顶以上 30cm。为防止管道腐蚀，应当避免空气进入管道内。鉴于管道本身有沉降的可能，因此，如果利用传统式排水系统作为垃圾填埋的排水系统时，从保证能够长期良好地进行排水这个角度考虑，管道周围堆置的砂砾材料厚度应当比传统设计的厚度要大一些。

D　检查井（或观察井）

可以沿着集水管道的定位线设置渗滤液检查井（或观察井）。尽可能地把检查井设置在垃圾填埋体以外的位置，但是必须靠近填埋体和便于取样。确保雨污水分流的措施在填埋场也是至关重要的一环，其目的是把可能进入场地的水引走，防止场地排水进入填埋区内，以及来自填埋区的污水的排出。通常采用的方法有导流渠、导流坝、地表稳定化和地下排水四种。

4.6　防洪与地表径流导排

应对填埋场原有防洪设施进行评估校核，对填埋区外截洪沟进行洪峰流量校核时，汇水总面积应包括填埋堆体的表面面积。对校核后不符合防洪要求的防洪设施或防洪设施受损的应加以改造、修缮。

原填埋场无防洪设施的，封场工程应设置防洪设施。

垃圾堆体顶面、边坡及平台应设置表面排水沟，排水沟不应因垃圾堆体的沉降而形成倒坡；应根据垃圾堆体上下游不同汇水量采用不同的排水沟断面尺寸，排水沟断面尺寸、水流量及流速等参数应符合国家现行防洪标准的要求（见表4-4）；排水沟应采用防不均匀沉降的结构或选择抗不均匀沉降的材料；排水沟的布置应能有效防止表面径流对覆盖土的冲刷。堆体边坡之间的平台上应设置承接上游表面径流的排水沟，并应与下带排水沟连接。降水量和降水强度较大的地区，垃圾堆体边坡应考虑排水和护坡相结合的方案。

表 4-4　填埋场防洪标准

填埋场规模/万立方米	防洪标准（重现期）/a	
	设计	校核
总容积>500	50	100
总容积<500	20	50

注：暴雨量取值为 7d 最大暴雨量。

4.7　垃圾堆体绿化

4.7.1　生态恢复过程

旧填埋场植被生态恢复的过程应当分为不同的阶段进行，各个阶段需要培养和占优势的植物品种各不相同。

4.7.1.1 植被恢复先期

填埋场封场后的覆盖土上，会自然生长一些野生的先锋植物，包括海三棱藨草、灰绿藜、芦苇、稗等，主要是来自随风飘落的种子和来自覆盖用泥土中原来带有的种子、块茎等。一般情况下，即便不进行有计划的人工种植，封场后的填埋单元也会由于先锋植物的存在而自发开始缓慢的次生演替。但是为了改善和美化封场单元的景观质量，需要投入一定的人工绿化，加速并优化生态恢复进程。

上海老港填埋场多年来的园林绿化工作实践表明，一些植物可以在封场后覆盖土上生长，达到先期的绿化效果，如草本植物细叶结缕草、葱兰、马尼拉草、本特草、马蹄金等，其中部分植物不仅能够存活，而且生长非常旺盛，和杂草相比亦有一定的竞争力，如：细叶结缕草生命力强、生长旺盛，在其整个生长季节中种植均可成活；常绿植物本特草在冬季也会呈现一派生机勃勃地景象，而且在贫瘠的吹泥土上生长状况很好，但在夏季高温季节生长缓慢，若不及时除草，可能会被其他种类所掩盖；葱兰亦为常绿植物，由于有地下茎，一年四季均能生长很好；马尼拉草从外观上极似结缕草，其种子播撒后，能以较少的成本；达到先行绿化的效果。草本植物根系发达，对土壤有一定的改善作用，并且可为乔木和灌木类其他植物的生长创造条件，从而改变填埋场封场后整体的景观。

4.7.1.2 植被恢复初期

某些乔灌木类植物，如龙柏、石榴、桧柏、乌桕、丝兰、夹竹桃、木槿等，对于填埋场的环境适应能力很强，在植被恢复的初期，种植这些植物不仅会使填埋场封场后的景观在原有的单一草本植物基础上得到很大的改观，而且可以加速土壤的改良作用。这些乔灌木的种植，对于改善封场单元生态环境的整个小气候也有一定的作用，如通过植物的吸收和蒸腾作用截留雨水和减少渗滤液、改善群落内的小环境，为其他植物生长创造更好的条件。

4.7.1.3 植被恢复的中后期和开发阶段

在植被恢复的中后期，应当结合生态规划和开发规划，按照各个不同的功能区划和绿化带设计，有计划地进行大规模园林绿化种植，其中包括各类草本、花卉、乔木、灌木等。许多有经济价值的植物都能够适应填埋场的环境，如乔木类的合欢、构树、乌桕等，但是应当避免安排种植会被人或动物直接食用从而进入食物链的植物品种。

4.7.2 实施过程

4.7.2.1 现场调查

在开始种植植被之前，必须了解堆场现有的土壤状况。因此，首先需要进行现场勘查，然后测试土壤样品的性质，完成之后，才可能采取必要的措施改善土壤的条件。

A　土壤状况现场勘查

通过现场勘查应了解：现场是否有植被存在？如果有，是否健康？有没有死去的植物？如果有，是否可辨别的已死去或濒死植物地块？通过巡视可以确定可能存在问题的区域，这些区域需要进行一般的土壤测试和填埋气检测。巡视之后，需要立即进行下一步勘查。垃圾厌氧分解产生的填埋气有一种腐烂的气味，覆盖土上的小裂缝有可能让填埋气泄漏出来，当人从填埋场上走过的时候可以闻到气味。土壤表面受到扰动时会释放出填埋场内部的气体，这经常是填埋气向场外迁移的早期迹象。更精确的方法是使用便携式甲烷探测仪和硫化氢探测仪。现场勘查的第三步是检验土壤状况。

B　土壤测试

土壤测试是场址调查的主要部分，包括常量营养元素、微量营养元素、pH值、水力传导率、容积率和有机质含量。根据分析结果，可以仔细设计施肥计划给植物提供营养元素；可能还需要调节土壤 pH 值至合适的范围。随着 pH 值下降，某些痕量元素可能超过植物需要的含量，从而产生毒性；高浓度的锌、铜、镁、铁、镉和铅都会给植物造成损伤；2ms 以下的水力传导率是必须的，它能保持土壤中适量的水分平衡；容积率在 $1.2 \sim 1.4 t/m^3$ 是理想的，但是不能超过 $1.7 t/m^3$；有机质含量应在 2%~5%。

4.7.2.2　场地准备与改善

必须有合适的植被恢复计划才能带来最佳的效果。从理论上来说，填埋场终场后的用途应该在填埋场自身的规划阶段就已经确定。因此，封场后的填埋场需要采取一系列措施来改善现场条件，为植被恢复计划的实施做准备。

在可行的情况下，应该尽量把本地的表土储存起来，以便日后填埋场封场后最终覆盖系统的使用。尤其是需要采用本地植物将填埋场址恢复至其原有的自然生态状况时，使用本地原来的土壤将会改善封场填埋场中植物生长的不利环境，极大地提高种植的成活率。

最终覆盖系统中表土（植被层的土壤）应当进行改良以便植物生长，如预先混合土壤改良材料（如堆肥、陈垃圾等），覆盖土应在干的时候铺设，以避免过多的压实。

4.7.2.3　植被选择

在过去，规划者通常很少考虑填埋场植被重建的效果，因而往往倾向于选择较为经济的解决方案，一般是大面积种植草坪。但是，随着人们逐渐开始关注将填埋场址开发为潜在的娱乐设施或者公共场所,选择合适的植被种类显得日益重要。选择什么样的植被很大程度上要依赖于该场址最终的用途而定。如果目标是恢复当地的生态环境,那么就必须选用合适的当地植物;如果采用非当地植物来建造高尔夫球场或公园,就应当选择适合当地气候条件的种类。

A　选择植被的原则

实际上,并不存在一个选择植物品种用于填埋场植被重建的通则,因为每个地区的环境条件都不一样,从而适合生长的植物品种也不一样。因此,必须选择适于填埋场址所在地区的植物品种,尤其是因为填埋场本身就是一个不利于植物生长的环境。另外需要注意的是在生态恢复的过程中,必须保证植被及其种子的来源。为了保存本地的种子库,需要采集邻近地区的植物种子和枝条扦插来种植。

B　本地与非本地植物对比

从长期来看,将封场后的填埋场址恢复至本地的生态水平通常是花费最小的方案,并且可以提供城市地区最需要的户外空地和绿化带。如果目标是生态恢复,那么使用本地植物是必要的。地区性植物指的是那些自然生长在某个地理区域里的植物。某些植物可能是地区性的,就是说它们的分布局限在某个特定的地理区域。地区性植物通常包括许多稀有的和濒临灭绝的品种。地区性植物是最适合当地地理环境的品种。

C　选择木本植物需要考虑的因素

在选择木本植物用于填埋场植被重建的时候,需要考虑生长速率、树的大小、根的深度、耐涝能力、菌根真菌和抗病能力等因素。

生长较慢的树种比生长迅速的树种更容易适应填埋场的环境,因为它们需要的水分较少,这在填埋场覆盖土中一般是限制性因素。个头较小的树(高度在1m以下)能够在近地面的地方扎根生长,这样就避免了和较深的土壤层中填埋气的接触。但是,浅根树种需要更频繁的浇灌。具有天生浅根系的树种更能适应填埋场的环境。同样,浅根的树种需要更频繁的浇灌,并且易于被风吹倒。在被填埋气充满或者淹水的情况下,土壤中除了含水率之外,其他的变化都比较类似。耐涝的植物比不耐涝的对填埋场表现出更强的适应性,但如果栽种它们的话,就需要适当的灌溉。菌根真菌和植物根系存在一种共生的关系,可使植物摄取到更多的营养物。易受病虫害攻击的植物不应当栽种在封场后的填埋场上。

D　种植草坪用于填埋场植被重建

除了木本植物之外,填埋场植被重建也需要种植草坪。和其他植物一样,草本植物也会受到土壤贫瘠和填埋气的影响,但是它们比木本植物更容易种植。不管是本地的还是非本地的,草的根系都是纤维状的并且很浅,从而使其比木本植物更容易在填埋场环境中存活下来。某些草本植物是一年生的,这意味着它们在一年或者更短的时间内就完成了生命周期。因此,一年生的草本植物应在一年中最适宜的时期播种并生长。例如，在美国西部的干旱地区，一年生的草本植物在雨季最占优势；而在美国的东部，一年生草本植物则在温暖的季节生长。如果需要，一年生的草本植物很容易再次播种。多年生草本植物存活时间在 1 年以上，但是它们的许多其他特征和一年生草本植物是相类似的。根系类型、生命周期、快速繁殖等特征使得草本植物在不利的填埋场环境下更易生长。

　　E　植被恢复规划设计需要考虑的问题

　　填埋场封场后用途的确定应是填埋场整体设计的一部分。除非封场后的填埋场将建为高尔夫球场或其他密集型用途，设计者应当尽全力将封场后的填埋场和周围的自然环境融为一体。这需要种植本地的植物。因此，需要进一步深入研究植物对填埋场环境的适应性，以及有助于克服填埋场不利环境的园艺技术。到目前为止，真正仔细进行过检验和研究的植物种类非常有限。尽管每个地区的环境条件都不同，研究工作都应当从确认本地植物的适应性和开发填埋场环境下的特殊园艺技术着手。

　　填埋场植被重建的步骤应当包括：（1）项目协调；（2）鉴别植物种类和来源；（3）现场巡查；（4）土壤特性鉴定；（5）场地准备；（6）土壤改良；（7）种植；（8）监测。

　　F　土层厚度

　　不同的植物对土层厚度要求也不同，一般而言，各种植物对土层的要求如图4-5 所示。

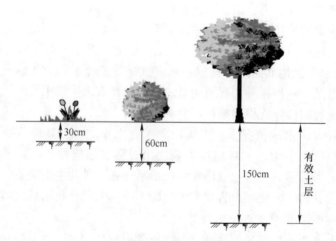

图 4-5　不同植物对种植土层要求示意图

4.8　环境监测

　　应对封场前原有的监测设施进行调查，对完好的设施可保留利用，对有缺陷的设施应进行改造。无环境监测设施的堆放点，应补充设置环境与安全监测设施。环境监测是生活垃圾填埋场设计与操作管理规划中的一个重要组成部分，是确保场地正常运营的重要手段。

垃圾在填埋场经历着各种生物、物理和化学的变化，其中有害体的逸出、扩散将污染大气环境，渗滤液的渗漏和排放将污染地下水与地表水。因此，除了在工程上采取相应的气体导出利用设施和防渗及污水处理措施外，还应对填埋气体和垃圾渗滤液的排放情况及场区内外的大气、地表水、地下水和土壤等环境要素进行定期的监测，以便及时了解随着垃圾进场量的增加和填埋年份的增长，填埋垃圾所产生的气体和渗滤液对周围的大气、水质污染的现状和趋势，检验垃圾填埋是否达到污染控制目标，为做好二次污染防治提供依据。

垃圾填埋场的环境监测包括垃圾渗滤液水质监测、地下水环境监测、地表水环境监测、大气环境及导气系统总排废气监测、土壤环境监测等。

A 垃圾渗滤液水质监测

垃圾渗滤液水质监测主要是测定填埋场渗滤液的初始水质和经污水处理设施处理后的排放水质。其监测的目的，一是掌握渗滤液水质与垃圾填埋年份的关系，二是检查污水处理设施的处理效果和排放水质是否符合排放要求。渗滤液水质监测应实行随时监测和定期监测相结合的监测制度，定期监测频率一般每月 1~2 次，对主要的污染因子最好实行逐日监测。

垃圾渗滤液的监测项目应包括水温、pH 值、色度、COD_{Cr}、BOD_5、NH_3-N 和 SS。条件许可时可加测总硬度、硫化物、有机质、三甲胺、甲硫醇、二甲基二硫和重金属等项目。

B 地下水环境监测

填埋场场底的防渗系统不完善或一旦受到破坏，垃圾渗滤液就会向下渗漏并污染地下水，因此地下水的环境监测是填埋场环境监测的重点。

地下水环境监测旨在通过对填埋场场地周围的地下水水质调查，掌握填埋场运营前后的地下水水质变化情况，检查防渗系统的防渗效果。地下水监测井一般设置在填埋场的水力上坡区和水力下坡区，监测井的数量、位置可根据填埋场的规模和场地水文地质条件来确定。通常的地下水监测系统由三口井组成，分别为本底监测井、污染监视井和污染监测井。本底监测井位于填埋场的水力上坡区，用于测定不受垃圾填埋场运营操作影响的地下水水质，并以此作为确定有害物质是否从场地渗漏并影响地下水的基准；污染监视井和污染监测井分别位于填埋场地下水流向的旁侧和下游，用于提供直接受场地影响的地下水污染数据。为了节省开支，监测井的设置也可同场址选择时的地质勘探井的设置结合起来进行。

地下水监测井的深度可根据场地的水文地质条件来确定。为适应地下水的波动变化，井深一般应深至地下水位以下 3m，以便能随时采集水样。如果有多层地下水，还应对多层地下水进行监测。

地下水监测项目包括 pH、COD_{Cr}、BOD_5、硬度、NH_3-N、总氮、总磷、总硫、大肠菌群和细菌总数等，一般要有丰、平、枯三个水文期的监测数据。

C　地表水的环境监测

填埋场周围地表水环境监测是为了了解填埋场垃圾渗滤液和其他污水排入地表水体后对受纳水体的水质影响情况，它包括填埋场施工和运营前的本底监测、填埋场运营期的水质监测和填埋场封场后的水质监测。

地表水环境监测项目包括 pH、COD_{Cr}、BOD_5、DO、NH_3-N、总氮、总磷、总硫、大肠菌群和细菌总数等，通常也要有丰、平、枯 3 个水文期的监测数据。

D　大气环境及导气系统总排废气监测

气体监测是为了了解填埋场周围大气环境质量和填埋气体的释出情况。它包括大气环境监测和导气系统总排气口监测。

应对大气环境进行监测，并根据监测结果确定填埋气体和扬尘对大气环境的影响程度。监测项目包括 SO_2、NO_x、TSP、CO、CH_4、H_2S、NH_3 和臭氧等。监测频率每年 4 次，按春、夏、秋、冬进行。导气系统总排气口监测是指对气体收集导出系统排出的气体进行组合分析，以掌握填埋场内有机质的降解情况。监测项目包括 CH_4、SO_2、CO、NH_3、三甲胺、H_2S、甲硫醇、甲硫醚和二甲基二硫等。监测频率 CH_4 每天 1 次，其余每月 1 次。

E　土壤环境监测

土壤环境监测的目的在于了解填埋场垃圾渗滤液排放和垃圾散落对周围土壤的污染情况。监测项目包括 pH 值、有机质、总氮、总磷、总钾、总硫、氨氮、重金属及大肠菌值等。一般每年监测 1 次。

4.9　堆放点封场后维护

堆放点封场后维护应保持渗滤液收集导排设施的畅通，发现堵塞时应及时修复，无法修复时应采取替代措施；每年雨季到来前，应检查场内排水沟、截洪沟等雨水导排和防洪设施，发现损坏的应及时维修；因不均匀沉降导致垃圾堆体出现裂缝、沟坎、四坑、空洞等情况时，应及时进行填补修复。

封场后的堆放点在不影响封场设施，且保证安全的情况下，可对场地进行适当利用。未达到稳定的堆放点若用于永久性建筑物的建设，则应挖除所填垃圾，对场底及周边土壤进行污染检测，并应对受污染土壤进行处理。封场设施运行期间，全场应严禁烟火，并对填埋气体和渗滤液收集处理设施采取安全保护措施。

原位好氧修复技术

5.1 概述

5.1.1 非正规填埋场/堆放点中垃圾的降解过程

非正规填埋场/堆放点中垃圾的降解是一个复杂缓慢的过程，包括多种连续并行的生化反应途径。从垃圾分层分块填埋、覆土、封场再到稳定的过程中，垃圾中有机物的降解一般经历4个阶段：好氧分解阶段、厌氧分解不产甲烷阶段、厌氧分解产甲烷阶段和稳定产气阶段，如图5-1所示。

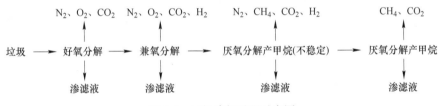

图 5-1　垃圾降解过程示意图

第一阶段（好氧分解阶段）：随着垃圾的填埋，垃圾空隙中的空气也同样被埋入其中。因此，填埋的开始阶段垃圾发生的好氧分解，经历的时间长短取决于好氧分解的速度，可以是几天到几个月。此阶段的酸性条件为后续厌氧分解创造了条件；同时此阶段产生的渗滤液有机物质浓度高，$BOD_5/COD>0.4$，$pH<6.5$。当好氧分解将填埋层中的氧气耗尽后进入第二阶段。

第二阶段（厌氧分解不产甲烷阶段）：好氧分解后的11~14天为兼氧分解阶段。随着兼氧分解的进行，pH值和填埋气体产量都开始上升，此时也产生高浓度有机渗滤液，$BOD_5/COD>0.4$。在此阶段，复杂有机物（如蛋白质、脂肪等）在发酵性细菌产生的胞外酶的作用下水解产生简单的溶解性有机物，同时进入细胞内，由细胞内酶分解为乙酸、丙酸、丁酸、乳酸等，并产生氢气和二氧化碳。丙酸、丁酸、乳酸等脂肪酸和乙醇等在产氢产乙酸菌的作用下转化为乙酸。在进一步的转化过程中，由于存在硫酸根和硝酸根，微生物利用硫酸根和硝酸根作为氧源，产生硫化物、氮气和二氧化碳。硫酸盐还原菌和反硝化细菌等均为优势菌群，其繁殖速度大于产甲烷菌。当还原反应达到一定程度以后，才能产出甲烷。还原状态的建立和环境因素有关，潮湿而温暖的填埋层或坑能迅速完成这一阶段并进入下一阶段。

第三阶段（厌氧分解产甲烷阶段）：持续 1 年左右的不稳定产气阶段。此时 pH 值上升到最大，渗滤液的污染物浓度逐渐下降，$BOD_5/COD<0.4$，填埋气体产量和产气中甲烷浓度逐步升高。此阶段产甲烷菌成为优势菌群，在二氧化碳和乙酸存在的条件下，产生甲烷。甲烷气的产量稳定增加，当温度达到 55℃ 左右时，便进入下一阶段。

第四阶段（稳定产气阶段）：7 年左右的厌氧分解半衰期或稳定阶段。此阶段稳定地产出甲烷和二氧化碳，两种气体的浓度在很长时间内保持基本稳定，二者的体积比达到一个常数，一般为 1.2~1.5。此时，可降解的有机物质逐渐减少，pH 值保持不变，渗滤液的有机物浓度下降，$BOD_5/COD\leqslant0.1$，而后，填埋气体产量下降，填埋气体中甲烷浓度也逐渐下降。

垃圾的分解过程受多种因素的影响，如垃圾的组成、压实的紧密度、水分含量、是否存在抑制物、水的迁移速度和温度等。垃圾厌氧分解的最终产物主要是稳定的有机物、挥发性有机酸和不同种类的气体。正常情况下，用气态产物衡量的降解速率在头两年内可达到峰值，然后缓慢衰减，延续时间多长达 25 年甚至更久。

5.1.2 原位好氧修复技术强化垃圾的降解稳定

5.1.2.1 基本原理

垃圾在非正规垃圾填埋场/堆放点内主要发生的是厌氧降解反应，需要的时间长，通常情况下垃圾需要经过 30~50 年，有的甚至需要 50~100 年才能被降解完全，而且厌氧过程不可避免地会产生甲烷等填埋气体和大量渗滤液。好氧修复技术可很好地解决这一问题，它是将填埋场转化为一个生物反应器，通过高压风机向填埋体内注入空气，改变填埋场内的物理、化学条件，建立符合好氧微生物生长的环境，利用好氧微生物加速分解垃圾中的有机物，缩短填埋场的稳定时间。在治理过程中垃圾被好氧分解，产生的气体主要是二氧化碳。垃圾渗滤液不外排，通过回灌直接消耗在垃圾填埋场中，对环境不产生危害。

原位好氧修复技术作为一种可加速填埋场有机物降解和稳定、降低渗滤液浓度、减少温室气体排放的生态修复技术，有着其他修复技术无法比拟的优势。基本工艺如图 5-2 所示，通过强制通气和抽气系统，使垃圾堆体保持好氧状态，使有机质发生好氧降解，并通过自动控制系统，将堆体内温度、水分和氧气浓度等条件调节至最佳范围，达到加速垃圾降解稳定化的过程。通常的做法是在垃圾填埋体上布设许多口小井，有的是注气井，负责往里通入空气；有的井是抽气井，负责抽取垃圾降解产生的二氧化碳气体。

好氧修复技术是近年来发展起来的垃圾填埋场治理技术。通俗地说，好氧修

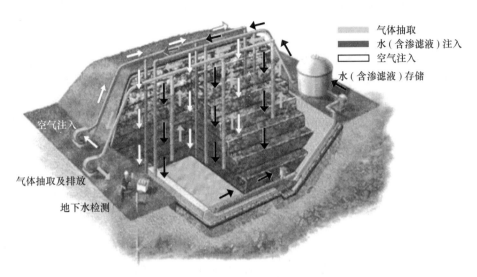

气体抽取
水（含渗滤液）注入
空气注入
水（含渗滤液）存储

空气注入

气体抽取及排放

地下水检测

图 5-2 原位好氧修复工艺

复技术就是设法让空气进入被填埋的垃圾内，加速其降解的过程。好氧修复技术得到了美国国家环境保护局（EPA）的认可，认为它可提高分解速率，减少有害和异味气体的释放，能提高渗滤液的品质，对改造填埋场、减少污染具有重大的意义。截至目前，好氧修复技术在治理封场填埋场、改造旧填埋场等方面已有很多成功案例，在美国已经实施的填埋场好氧治理项目 20 多个。典型项目有美国 Florida 州 New River 区垃圾填埋场、美国 Arizona 州 Tucson 市的 Rio Nuevo 垃圾填埋场、美国 Kentucky 州 Louisville 市的 Outer Loop 垃圾填埋场等。德国的 Kuhstedt 填埋场、意大利 VERONA 省的 Legmgo 垃圾填埋场也采用了好氧治理技术。该技术在我国的应用较晚，2009 年我国首次采用该技术对北京市石景山区的黑石头垃圾填埋场进行了治理；2012 年，武汉金口垃圾填埋场也进行了好氧修复技术应用实践。

5.1.2.2 好氧稳定化过程

好氧修复技术治理封场填埋场的稳定化过程可分为中温降解阶段、高温降解阶段和降温降解阶段。

A 中温降解阶段

中温降解阶段又称为初始调整阶段，主要发生在治理填埋场的初期，填埋场内温度处于 15~45℃之间，主要是中温、嗜温性微生物以糖类和淀粉类等可溶性有机物质为基质，进行自身新陈代谢，同时实现有机垃圾的初步降解。此阶段填埋气中 CO_2 的含量逐渐增加，渗滤液的 pH 有所下降，填埋体温度逐步升高，持续时间大约为 1~3 个月。

B　高温降解阶段

高温降解阶段又称为快速降解阶段，随着填埋场内温度的逐步升高，有机垃圾的降解速率越来越快，当温度升高到 45℃ 时即进入了高温降解阶段。该阶段嗜热性微生物占据主导，填埋场内残留的和新形成的可溶性有机物继续被降解，场内的大部分有机垃圾在此阶段除去。此阶段持续时间大约为 1~5 年，期间 CO_2 浓度达到最大，温度达到最高且容易偏高，需要通过改变通风速率和注水速率来调节堆体内的温度。

C　降温降解阶段

降温降解阶段又称为稳定化阶段，主要发生在治理填埋场的后期，此时大量有机物质已被分解，剩余物质主要为难降解的有机物和新形成的腐殖质。此阶段堆体温度开始降低，嗜温性微生物重新占据主导，对难降解的有机垃圾进行缓慢分解，需氧量大大减少。填埋场内的有机物质进入腐熟阶段，填埋场基本达到稳定化，填埋气中 CO_2 的含量和含水率逐步降低，持续时间大约为 2~5 个月。

通过上述分析可知，好氧修复技术治理封场填埋场的过程，从始到终都是依靠好氧微生物对有机垃圾的降解实现的，其基本过程如图 5-3 所示。

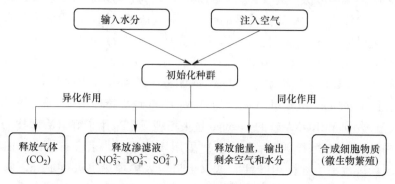

图 5-3　有机垃圾的好氧降解过程

5.1.2.3　好氧生物反应器技术的优点

好氧生物反应器技术治理封场填埋场的优点主要包括以下几方面：

（1）治理时间短。好氧生物反应器技术相对于厌氧生物反应器技术，将有机垃圾的降解速率提高了 30 多倍，一般在 2~5 年内可使填埋场稳定化。

（2）对大气污染轻。有机垃圾好氧降解的产物是 CO_2、H_2O 等，取代了自然降解的 CH_4、NH_3、H_2S 等，减少了对大气的污染；同时降低了温室效应（CH_4 的温室效应是 CO_2 的 20 倍以上）。

（3）降低了渗滤液的处理费用。将生成的渗滤液重新回灌到填埋场内，有利于促进垃圾降解，同时降低了渗滤液的处理难度和处理费用。

（4）减少了有毒微生物的危害。好氧降解反应放出大量的热，使垃圾堆体中的温度升高很多，可有效杀灭垃圾中的病原菌。

5.1.2.4 工艺系统

整个工艺主要包括以下三个部分。

A　空气注入和填埋气抽取系统

好氧修复技术的主要手段是强制通风，使填埋场内部处于好氧状态。空气经鼓风机加压后通过铺设在填埋场表面的注气管线输送至注气井，进而扩散至整个填埋场，参与有机垃圾的好氧降解。氧气消耗后，空气中的 N_2 和降解产生的 CO_2 等在负压作用下，汇集到抽气井通过连接真空泵的抽气管线，经汽水分离器等去除有害有味气体后，安全排放到大气中，其过程如图5-4所示。

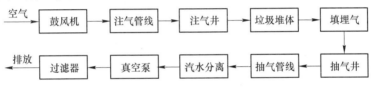

图 5-4　空气注入和填埋气抽取过程

B　湿度监测及液体添加系统

液体添加包括两种方式，一种是通过铺设在填埋场表面的多孔管进行上部注水；另一种是通过填埋场内部的注水井进行下部注水，这两种注水方式保证了填埋场内好氧降解过程适宜的湿度，如图5-5所示。

C　监测和控制系统

监测系统分为在线监测和离线监测。在线监测主要是为了避免治理过程中发生 CH_4 和 O_2 混合后爆炸、温度升高导致垃圾燃烧等问题，因此气体成分与浓度、堆体内温度、湿度等参数需要实时传送至控制系统，以优化运行参数。离线监测包括对渗滤液、地下水及地表沉降等进行监测。

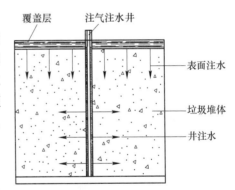

图 5-5　注水方式

5.2　主要影响因素

影响好氧修复技术工艺设计和工程投资的因素很多，主要包括垃圾的组成与含量、营养物质、氧气含量、通风压力、水分含量、温度、pH值、气体迁移条件、覆盖层特性等。

5.2.1　垃圾的组成和含量

填埋场内的垃圾是一种非常复杂的混合物，其组分随着地域、时间、经济水平、生活水平、风俗习惯等千变万化。好氧修复技术治理填埋场主要是通过降解填埋场内的有机组分实现的，垃圾中可降解有机组分的含量与种类对工程投资有很大影响，我国垃圾成分分类情况如图 5-6 所示。

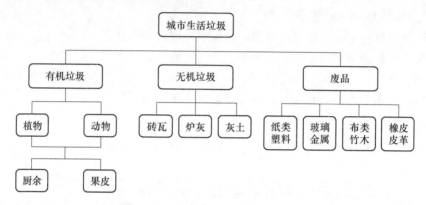

图 5-6　我国城市生活垃圾组成

5.2.2　含水量

对于好氧降解反应，水的作用非常重要。一是参与微生物的新陈代谢，含水率太低时妨碍好氧微生物的繁殖，影响填埋场内物质的运移速率，导致好氧降解速率降低；当含水率过高时，填埋场内的空隙被水填充，使得接触垃圾的空气量减少，造成供氧不足，引起厌氧反应。二是调整填埋场内的温度，通过抽气带走部分水蒸气，达到降温的目的。

填埋场内有利于好氧降解反应的含水量为 40%~50%。当含水量超过 60% 的时候，由于空隙内缺氧，场内环境向厌氧转换，好氧降解速率明显下降，同时厌氧反应发生，产生 H_2S 等恶臭气体。当含水量低于 30% 的时候，填埋场微生物的生长及繁殖受到抑制，有机垃圾降解速率减慢，当含水量低于 20% 的时候，微生物活性基本停止。

5.2.3　氧气含量

好氧生物反应器技术相对于其他生物反应器技术最大的区别在于氧气的供给，主要通过强制通风的手段实现，因此通风费用是好氧生物反应器技术投资最大的一项。氧气是有机垃圾进行好氧降解必不可少的反应物之一，是保证好氧降解微生物生存的必要物质条件。填埋场内有机垃圾发生好氧降解适宜的氧气浓度为 16%~21%，当浓度低于 10% 的时候，只有少量的有机垃圾发生好氧降解，若浓度小于 5%，好氧降解活动几乎停止。

5.2.3.1 通风量

好氧生物反应器技术治理封场填埋场的通风量主要是指填埋场内垃圾进行好氧降解所需的 O_2 量和生成的好氧填埋气量。以 Buswell 提出的垃圾好氧降解反应方程式为基础，计算好氧修复技术的通风量，基本推导过程如下。

A　概化分子式的确定

按照填埋场内的垃圾组成和垃圾元素分析，求出代表该填埋场有机垃圾组成的概化分子式 $C_aH_bO_cN_d$。

以求概化分子式中碳元素个数为例，计算如下：

$$a = \frac{\sum_{i=1}^{n} w_i(1 - \theta_i)E_{C,i}}{M_C} \tag{5-1}$$

式中　a——碳元素个数；

　　　w_i——i 类垃圾的质量分数，%；

　　　θ_i——i 类垃圾的含水率，%；

　　　$E_{C,i}$——i 类垃圾碳元素的质量分数，%；

　　　M_C——碳的相对分子质量，12g/mol。

B　可生物降解度的确定

不同垃圾的可生物降解度不同，G. Tchobanoglous 等通过研究得到可生物降解度与垃圾中难以生物降解的木质素含量有关，两者之间的关系如下所示：

$$BF_i = (0.83 - 0.028 \times LC_i) \times \% \tag{5-2}$$

$$BF = \frac{\sum BF_i \times w_i}{\sum w_i} \tag{5-3}$$

式中　BF_i——i 类垃圾的可降解质量分数，%；

　　　LC_i——i 类垃圾中木质素质量分数，%；

　　　BF——垃圾的平均可降解质量分数，%。

C　注气量的计算

有机垃圾发生好氧降解的反应方程式：

$$C_aH_bO_cN_d + \frac{4a + b - 2c + 5d}{4}O_2 \xrightarrow{\text{好氧降解}} aCO_2 + \frac{b - d}{2}H_2O + dHNO_3 \tag{5-4}$$

根据反应方程式（5-4）和质量守恒定律可求出垃圾降解所需要的注气量：

$$V_{in} = \frac{m(1 - \theta_w)\theta_0\theta_{bf}k_z}{M} \times \frac{4a + b - 2c + 5d}{4} \times \frac{R(t_{in} + 273.15)}{P_{in}} \times \frac{G}{J\phi} \quad (5\text{-}5)$$

式中　V_{in}——注气量，m^3；

　　　m——垃圾量，kg；

　　　θ_w——含水率，%；

　　　θ_0——有机垃圾质量分数，%；

　　　θ_{bf}——可降解垃圾质量分数，%；

　　　k_z——单位转化关系，1000g/kg；

　　　M——相对分子质量，g/mol；

　　　R——理想气体常数；

　　　t_{in}——进气温度，℃；

　　　P_{in}——进气压强，kPa；

　　　G——单位转化关系，0.001m^3/L；

　　　J——空气中氧气体积分数，取值0.21；

　　　ϕ——供氧的不均匀系数，%。

D　抽气量的计算

抽出的气体成分主要包括好氧降解生成的CO_2、注气带入的N_2以及未参加反应的O_2等。

$$V_{ex} = V_{CO_2} + V_{N_2} + V_{O_2} \quad (5\text{-}6)$$

根据好氧降解反应方程式（5-4），计算好氧降解生成的CO_2量：

$$V_{CO_2} = \frac{m(1 - \theta_W)\theta_0\theta_{bf}k_z}{M} \times a \times \left[\frac{R(t_{out} + 273.15)}{P_{out}}\right] \times G \quad (5\text{-}7)$$

N_2和O_2的量主要与注气量有关：

$$V_{N_2} = V_m \times (1 - J) \quad (5\text{-}8)$$

$$V_{O_2} = V_{in} \times J \times (1 - \phi) \quad (5\text{-}9)$$

式中　V_{ex}——抽气量，m^3；

　　　V_{CO_2}——好氧降解生成的CO_2量，m^3；

　　　V_{N_2}——注气带入的N_2量，m^3；

　　　V_{O_2}——未参加反应的O_2量，m^3；

　　　t_{out}——抽气状态温度，℃；

　　　P_{out}——抽气压强，kPa。

5.2.3.2　通风速率

通风速率由好氧生物反应器填埋场内的氧气消耗速率决定，通风速率过大，注入的氧气停留时间较短，得不到充分地反应，造成资源浪费；通风速率过小，不能保证填埋场内垃圾好氧降解顺利地进行，影响治理效果。

在好氧生物反应器填埋场中，氧气的消耗速率主要与氧气浓度、底物浓度有关。本书假设经过一段很短的时间之后，填埋场内的好氧环境已充分形成，氧气消耗速率主要与填埋场内的可降解有机物浓度有关，假设氧气消耗速率与时间的关系符合一级反应规律。氧气消耗速率为：

$$-\frac{\mathrm{d}O}{\mathrm{d}t} = kO_{\max}\mathrm{e}^{-kt} \tag{5-10}$$

取好氧降解速率常数 k 值为 $0.7\mathrm{a}^{-1}$（$0.0019\mathrm{d}^{-1}$），氧气消耗量 $O_{\max}$ 为 $73.5\mathrm{m}^3$，则氧气消耗速率随时间的关系如图 5-7 所示。

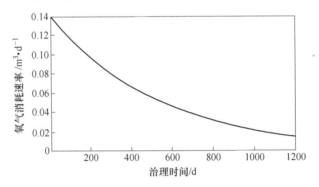

图 5-7 氧气消耗速率与时间关系

由图 5-7 可以看出，随着时间的进行，氧气消耗速率逐渐降低，因此通风速率应随着治理的进行随时调节，以减少设备的能耗，但操作麻烦，增加了管理费用。实际情况往往以恒定的通风速率进行注气或分段调节，当以恒定的速率 $0.07\mathrm{m}^3/\mathrm{d}$ 注气时，在治理前期，底物浓度较高，氧气消耗速率受氧气浓度限制；随着治理的进行，垃圾中的可降解有机物含量逐渐减少，通风速率大于氧气消耗速率，氧气消耗速率受底物浓度限制。因此，可将垃圾降解过程分为底物充足和底物受限两个阶段来分析氧气的消耗速率。

A 底物充足阶段

治理初期，填埋场内底物浓度高，氧气浓度是影响氧气消耗速率的主要因素。底物充足阶段氧气消耗速率与氧气的质量浓度成正比，推导得到氧气的扩散方程：

$$\frac{K_r PM}{rRT\mu_m}\frac{\partial P}{\partial r} + \frac{MK_r}{RT\mu_m}\left(\frac{\partial P}{\partial r}\right)^2 + \frac{K_r PM}{RT\mu_m}\frac{\partial^2 P}{\partial r^2} = \frac{kM}{RT}P \tag{5-11}$$

以我国某填埋场治理工程的设计参数（见表 5-1）为依据，计算不同注气速率下填埋场内的氧气压力分布情况，如图 5-8 所示。

表 5-1 氧气扩散模型参数

参 数 名 称	字 母 表 示	数 值
气体黏度/Pa·s	μ_m	1.86×10^{-5}
渗透率/m²	K_r	3.5×10^{-11}
反应速率常数/m⁻³·s⁻¹	k	2×10^{-7}

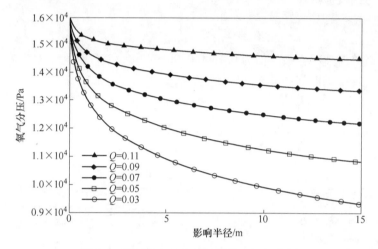

图 5-8 不同注气速率下填埋场内氧气分压

由图 5-8 可以看出,注气速率较大时,填埋场内氧气分压较大,氧气消耗速率较快。根据注气井和抽气井处的氧气浓度差可求出氧气利用量和氧气利用率与注气速率的关系,如图 5-9 所示。

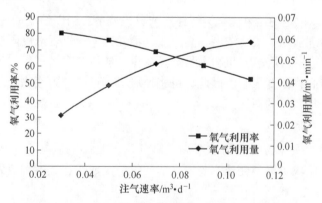

图 5-9 不同注气速率下的氧气利用率和氧气利用量

B 底物受限阶段

治理后期,填埋场内底物浓度逐渐降低,通风速率大于氧气消耗速率,氧气消耗速率进入底物受限阶段。以我国某封场填埋场为例，当通风速率为 $0.07\text{m}^3/\text{d}$ 时，氧气利用率为 7241%，其注气速率、氧气消耗速率、理论消耗速率之间的关系如图 5-10 所示。

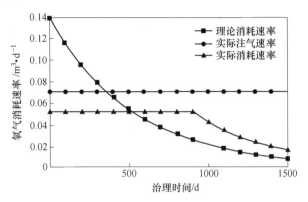

图 5-10 注气速率与治理时间关系

由图 5-10 可以看出，理论消耗速率在 533d 左右降低至 $0.052\text{m}^3/\text{d}$。若按照恒定速率 $0.07\text{m}^3/\text{d}$（实际消耗速率为 $0.052\text{m}^3/\text{d}$）注气，在 923d 左右填埋场内有机物的消耗量等于理论降解 533d 时的消耗量；之后，继续按照 $0.07\text{m}^3/\text{d}$ 进行注气，氧气消耗速率进入底物受限阶段。

5.2.3.3 氧气消耗量

在理论氧气消耗速率情况下，时间 t 内的氧气消耗量为：

$$O_{ouq} = \int_0^t kO_{max}e^{-kt}dt = O_{max}(1 - e^{-kt}) \tag{5-12}$$

在注气速率不变情况下，时间 t 内的氧气消耗量为：

$$O_{souq} = \int_0^{t_m} qldt + \int_{t_m}^t k(O_{max} - qlt_m)e^{-k(t-t_m)}dt \tag{5-13}$$

根据式（5-12）和式（5-13），可求出不同注气速率下的氧气消耗量，通风速率是风机选型的必备参数，对风机的费用有较大的影响。

5.2.4 通风压力

通风压力是通过填埋场内气体扩散的动力，是设备选型所必须的参数，直接影响设备系统的投资。通风压力主要是克服管道压力损失和堆体压力损失。

5.2.4.1 管道压力损失

根据流体在管网中运动状态的不同，将流体在管网中的压力损失分为沿程压力损失和局部压力损失。

A 沿程压力损失

沿程压力损失指流体在直管中流动时，由于流体具有黏性而产生的压力损失，用h_f表示。

$$h_f = \lambda \frac{L}{d} \frac{v^2}{2g} \tag{5-14}$$

$$\frac{1}{\sqrt{\lambda}} = -2\lg\left(\frac{K}{3.71d} + \frac{2.51}{Re\sqrt{\lambda}}\right) \tag{5-15}$$

式中　λ——摩阻系数；

　　　L——管长，m；

　　　v——流速，m/s；

　　　g——重力加速度，m/s^2；

　　　K——管道的绝对粗糙度，mm；

　　　Re——雷诺数。

B 局部压力损失

局部压力损失指流体流过三通、弯头、阀门等管件时，流体的运动状态突然发生变化而引起的压力损失，用h_j表示。

$$h_j = \varepsilon \frac{v^2}{2g} \tag{5-16}$$

式中　ε——局部阻力系数。

不同管件的ε数值不同，相同管件的不同型号ε值也不相同，有关阻力局部系数ε的值可从相关手册中查到。当缺失局部阻力系数，对压力损失计算要求不太严格的情况下，局部压力损失可按沿程压力损失的5%~10%计算。

5.2.4.2 堆体压力损失

堆体压力损失是指气体从注气井扩散到抽气井所克服的阻力，与填埋场的渗透系数、注气速率、井影响半径、井结构等因素有关。本书以渗透理论（达西定律）和一级动力学模型为基础，建立填埋场堆体压力损失的计算模型。

以注气井注气压力为例进行建模，抽气井的抽气压力模型可以类推得到，建模过程的基本假设：（1）填埋场足够大，边界效应可忽略，竖直方向的压力梯度不考虑；（2）注气速率达到了稳定状态，即风机以恒流量注气；（3）气体在填埋场内通过注气井向四周的扩散符合一级动力学衰减规律。

好氧修复技术治理封场填埋场的注气系统结构如图5-11所示，由假设（3）可知：

$$v = v_0 \times e^{-k(r-D/2)} \tag{5-17}$$

$$v_0 = \frac{Q_{\mathrm{d}}}{\pi D H_{\mathrm{w}}} \tag{5-18}$$

$$Q_{\mathrm{w}} = \pi r^2 H_1 \gamma \tag{5-19}$$

式中 v——气体扩散速率，m/s；

r——距注气井的距离，m；

k——衰减系数；

D——注气井井径，m；

v_0——注气井处扩散速率，m/s；

Q_{d}——单井注气速率，$\mathrm{m^3/s}$；

H_{w}——井深，m；

H_1——填埋场深，m；

γ——单位体积垃圾的氧气消耗速率，$\mathrm{m^3/s}$。

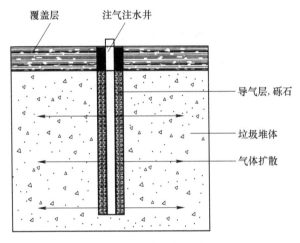

图 5-11 注气井结构

气体在填埋场多孔介质中的扩散过程符合达西定律：

$$v = K \frac{\mathrm{d}p}{\mathrm{d}r} \tag{5-20}$$

式中 K——渗透系数，$\mathrm{m^2/(Pa \cdot s)}$；

$\mathrm{d}p/\mathrm{d}r$——水平方向的压力梯度，$\mathrm{Pa/m}$。

结合式（5-17）~式（5-20），建立注气井周围气体压力分布模型：

$$K_{\mathrm{h}} \frac{\mathrm{d}p}{\mathrm{d}r} = \frac{Q_{\mathrm{d}}}{\pi D H_{\mathrm{w}}} \times \mathrm{e}^{-k(r-D/2)} \tag{5-21}$$

$$\lim_{r \to D/2} P(r) = P_{\mathrm{z}} \tag{5-22}$$

$$\lim_{r \to \infty} P(r) = 0 \tag{5-23}$$

式中 P_z——注气井的注气压力，Pa。

结合边界条件，对式（5-21）~式（5-23）进行求解可得：

$$P(r) = -P_z \mathrm{e}^{\frac{-Q_d r}{\pi D_w H_w K_h P_m}} \tag{5-24}$$

将 Q_d 带入式（5-24），对其进行求导得：

$$\frac{\mathrm{d}P(r)}{\mathrm{d}r} = \frac{3r^2 H_1 \gamma}{D H_w k_h} \times \mathrm{e}^{\frac{-r^3 H_1 \gamma}{D H_w k_h P_z}} \tag{5-25}$$

根据彭绪亚等研究结果，井影响半径边界处的压力梯度为 $0.5 \sim 1.2 \mathrm{Pa/m}$。

以前面提到的我国某填埋场好氧治理工程的设计参数（见表 5-2）为依据，取边界压力梯度为 $0.8 \mathrm{Pa/m}$，对模型进行求解，得出注气压力与井影响半径、渗透系数、井直径之间的关系，如图 5-12~图 5-14 所示。

表 5-2 通风压力模型参数

参 数 名 称	取 值
注气（抽气）井直径/m	0.05
注气（抽气）井井深/m	10
填埋垃圾厚度/m	10
单位体积垃圾氧气消耗速率/m³·s⁻¹	5.7×10^{-6}

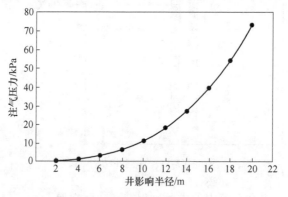

图 5-12 注气压力与井影响半径的关系

由图可以看出，注气压力随着井影响半径的增大而快速增加，随着井径和渗透系数的增大而减小。

综上所述，工程投资除了受填埋场的性质（如垃圾量、有机垃圾含量、渗透系数）影响之外，受工艺设计（如通风速率、井影响半径、井径）的影响也较大，同时还与当地的气候条件和市场水平有关。

近年来，应用好氧修复技术进行垃圾填埋场整治的研究和实例越来越多。黎青松等通过对深圳市玉龙坑垃圾填埋场现场抽气实验的研究，确定了抽气井影响半径与稳定抽气量，以及抽气量与抽气井口压力之间的关系，为抽气井的设计提

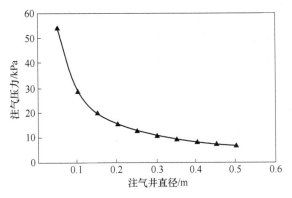

图 5-13 注气压力与注气井径的关系

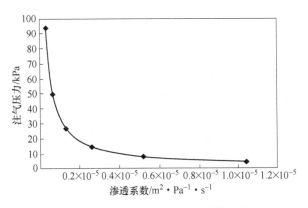

图 5-14 注气压力与垃圾渗透系数的关系

供了依据；刘志刚以某封场简易垃圾填埋场修复项目为研究对象，建立了好氧修复技术的混合整数非线性（M1NLP）优化设计模型，并结合遗传算法对该项目工艺设计进行了优化。

5.3 好氧修复系统

好氧修复系统通常包括空气注入和抽取系统、渗滤液系统、监测系统、动力及辅助系统。下文给出的系统参数是以某垃圾填埋场治理项目为例，仅供参考。该填埋场治理面积为 51.2 万平方米，垃圾总量为 700 万立方米，平均填埋深度为 10m。

5.3.1 系统组成

5.3.1.1 空气注入和抽取系统

空气注入和抽取系统包括注气风机（泵）、气体换热器、抽气风机、汽水分离器、空气管道、注气井、抽气井、冷凝水收集器、气体过滤器、配套阀门、配套仪表等。注气风机（泵）将空气压缩，经过气体换热器换热降温，通过空气管道、注气井注入垃圾填埋场中。垃圾中的可降解有机物在有氧条件下发生好氧降解，生成以 CO_2 为主要成分的垃圾填埋气体，该气体被抽气风机从抽气井中抽出，经汽水分离器后进入气体过滤器，最后排放到大气中；管道中的冷凝水进入冷凝水收集器。

（1）注气井数量和分布。一般按照网格状布置注气井，单井实际作用面积 $1000m^2$，叠加系数 1.25。故应该布置的注气井总量为 512 口，总深度（总进尺）为 5120m。

（2）抽气井数量和分布。网格状布置抽气井，抽气井与注气井相间分布，单井实际作用面积 $1000m^2$，叠加系数 1.25。故应该布置的抽气井总量为 512 口，总深度（总进尺）为 5120m。

（3）注气风机的数量和布置。按每 50 万立方米垃圾设置 1 台 $50m^3/min$、75kPa 的多级离心鼓风机，共需鼓风机总数约 15 台（套）。风机布置考虑供风半径，可以根据实际情况分 3 个区分区布置。

（4）引气风机的数量和布置。按每 50 万立方米垃圾设置一台 $50m^3/min$、33kPa 的多级离心引风机，共需引风机总数约 15 台（套）。风机布置考虑引风半径，与注气风机配套，可以根据实际情况分 3 个区分区布置。

（5）气体换热器。气体换热器与注气风机配套，共需数量 15 套，以保证管道气体的温度不高于 60℃。

（6）汽水分离器。用于分离引风机从垃圾填埋场抽取的气体中的水分，以保证引风机的正常运行。汽水分离器的数量按风机工作站的数量设定，共需 3 套。

（7）气体过滤器。用于过滤引风机从垃圾填埋场抽取的气体中的有害成分，保证排放气体不对大气产生污染。气体过滤器的数量按风机工作站的数量设定，共需 3 套。

（8）气体管道。气体管道共分三级，主管道采用 $DN250$ 的高密度聚乙烯（high density polyethylene，HDPE）管，二级管道采用 $DN200$ 的 HDPE 管，三级管道采用 $DN63$ 的聚氯乙烯树脂（unplasticised polyvinyl chloride，UPVC）管。

5.3.1.2　渗滤液系统

渗滤液系统包括蓄水池、水泵、水管道、渗水沟渠、渗滤液井、渗滤液泵、空气压缩机、配套阀门、配套仪表等。水泵将水从蓄水池中抽出，送入注水井或渗水沟槽，从而增加垃圾堆体的湿度；垃圾渗滤液由空气压缩机提供动力的渗滤液泵从渗滤液井中抽出并直接回灌。

（1）蓄水池。用于储存收集的渗滤液和其他水，用于回灌，以保证垃圾填埋场的含水率。根据垃圾填埋场的实际情况，设置 12 个蓄水池，蓄水池的容量为 100m³。

（2）渗水沟渠。在垃圾填埋场地面设置的用于渗滤液回灌的沟渠。

（3）渗滤液井和渗滤液泵。布置于垃圾填埋场中，用于回收渗滤液的井和配套的水泵。根据垃圾填埋场的实际情况设置，数量约为 100 口（套）。

（4）渗滤液管道。主要采用 HDPE 管道，主管道和二级管道的规格分别为 $DN100$ 和 $DN65$。

5.3.1.3 监测系统

包括各种监测井、气体监测仪、温度传感器、湿度传感器、配套的型号处理组件等。对主要气体成分 CO_2、CH_4、H_2S、CO、O_2、温度、湿度等参数进行监测和检测。

（1）综合监测井。监测治理过程中气体成分、温度、湿度等变化情况，通常设置在垃圾填埋场中注气井和抽气井之间及部分有代表性的位置。平均 2000m² 设置 1 口综合监测井，共设置综合监测井 256 口。

（2）AEMS 现场气体自动监测系统。用于自动监测垃圾填埋场的气体成分变化。每套设备设置采样口 9 个，每套系统覆盖面积 5 万平方米，共需 AEMS 现场气体自动监测系统 11 套。

（3）便携垃圾气体分析仪。用于日常常规现场气体监测，该项目共需 6 套。

（4）温度监测系统。用于测量现场的垃圾温度，并将数据直接回传到控制室。根据现场抽气井数量、监测井数量（每口监测井根据深度设置 2~3 个传感器），共需温度传感器 1200 支；另设置数据转换装置和传输装置。

（5）湿度监测系统。用于测量现场的垃圾湿度，并将数据直接回传到控制室。根据现场监测井数量（每口监测井根据深度设置 2~3 个传感器），共需湿度传感器 700 支；另设置数据转换装置和传输装置。

（6）地下水观测井。布置于垃圾填埋场的周围，用于监测垃圾填埋场对地下水的污染。该项目共设置地下水观测井 20 口。

5.3.1.4 控制系统

包括计算机、信号处理装置及软件等对系统进行控制管理。采用集中控制方式，对气体系统的运行、水系统的运行控制，对监测系统的数据收集和处理。

5.3.1.5 动力及辅助系统

包括配电系统、维护维修系统、办公建筑和设施、围墙、垃圾场边界防渗及导水系统以及地面平整（不含绿化）。根据系统要求配置动力、维护系统，包括

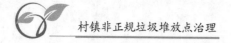

配电室（含变压器）等，估算最大负荷 2500kW·h。

5.3.2　实施步骤

（1）前期工作。收集分析垃圾填埋场原始资料，包括填埋过程资料、垃圾成分记录、填埋深度、垃圾成分及分布，并通过地质、水文勘查及取样分析达到评估目标，为设计提供依据。

（2）设计。包括注气井、抽气井、注水井、管的布置和数量；温度检测井、湿度检测井、地下水观测井、渗滤液提升井的布置和数量；注气系统、抽气系统、水调节系统等的管路选择和布置。各系统参数的确定和设备的选型、设计。

（3）工程施工。包括钻井和井位安装、管路安装、设备仪表安装。

（4）设备调试和试运行。保证机电设备和控制系统仪器仪表达到设计要求，能正常联合运行。

（5）治理运行。系统设备调试完毕即可进行正式治理运行。通过监测治理区域堆体内的温度、湿度、气体成分的变化，调节和控制进气、排气、水分的含量，使堆体内的垃圾有机物始终保持在一个最佳的好氧工作状态；同时密切关注监测垃圾温度、排气的变化，保证其在一个安全的运行范围。

5.3.3　治理目标

（1）治理后填埋场垃圾可降解有机物的生物降解率 BDM≤3%。

（2）治理后填埋场垃圾堆体内部沼气浓度稳定值≤1.5%。

（3）治理后填埋场垃圾渗滤液产生量大幅减少，渗滤液 COD、BOD_5、NH_3-N 指标参考国家标准 GB 8978—1996《污水综合排放标准》规定的第二类污染物二级标准中的上限值予以协商评定，即 BOD_5≤150mg/L；COD≤300mg/L；NH_3-N≤50mg/L；

（4）填埋场状态稳定，基本不再沉降，沉降率≤0.2%/a。

5.3.4　治理工期

（1）前期工作。包括立项、可研、环评、工程设计等内容约 6 个月。

（2）工程建设施工。包括其他配套、建井、管道安装、设备采购和安装、调试、联合试车等约 6 个月。

（3）项目治理运行。达到治理目标，约 24 个月。

5.3.5　治理费用估算

参考北京石景山黑石头垃圾堆放场投资并考虑物价上涨等因素，处理单价按 35 元/m^3 计算，垃圾总量为 700 万立方米，则直接工程费用为 2.45 亿元；如其他二类费用按 20%计算，则该场治理工程总投资为 2.94 亿元。

5.4　武汉市金口垃圾填埋场应用实例

5.4.1　概况

武汉市金口垃圾填埋场位于武汉市张公堤城市公园西段，是 1998 年为解决汉口地区的垃圾问题而兴建的。日处理垃圾 2000 余吨，是当时武汉最大的垃圾填埋场，承担江汉、硚口、东西湖三个区生活垃圾的处理任务。场地主体为规则的四边形，全场用地面积超过 40 万平方米，投入运行以来累计填埋垃圾量 500 万立方米以上。

由于建设时间较早，当时的填埋场建设标准较低，加上资金投入有限，造成金口垃圾填埋场"先天不足"，无法达到卫生填埋标准。由于周边居民的不断投诉，武汉市政府决定提前关闭金口垃圾填埋场。2005 年 7 月 1 日，这座当时武汉市规模最大的垃圾填埋场提前"退役"。关闭后，虽然管理部门对填埋场进行了封场，但是积存的垃圾仍然产生垃圾渗滤液、填埋气体等污染物，对周边环境造成了二次污染，存在比较严重的安全隐患。

2012 年，金口垃圾填埋场所在区域被确定为 2015 年在武汉市举办的第十届中国国际园林博览会主会场，这是国内在封场后垃圾填埋场上修建园林并作为园博会主会场的首次大型案例。为确保园博会的顺利举办，必须采取整治措施，对金口垃圾填埋场进行无害化处理，消除污水、异味对环境的影响，提高垃圾堆体稳定性。

5.4.2　填埋场场地调查

经过充分的工程地质勘查和污染调查后（主要包括全线地形、地貌、岩性、地质构造、不良地质、水文气象、地震等工程地质条件和填埋气、渗滤液、垃圾土、周围大气、水、土壤等污染状况），工程技术人员将金口垃圾填埋场污染区划分为四个分区（见图 5-15）。

填埋场北侧为Ⅰ区，独立成块，垃圾填埋时间约 7 年；Ⅱ区位于金口垃圾填埋场南区的北侧西部，垃圾填埋时间约 7~15 年；两区占地面积共 21.6 万平方米（324 亩），堆体量约 307 万立方米；Ⅲ区近似长方形，是大填埋区的东半部分，主要为垃圾翻填区，垃圾填埋时间较短；Ⅳ区同样近似长方形，为沿张公堤的堤防控制区，垃圾填埋时间较长。

根据场地污染调查的情况和填埋场场地稳定化利用的判定要求（GB/T 25179—2010）（表 1），金口垃圾填埋场修复后作为永久性公园，各项指标至少应达到中度利用要求；部分人流密度较大的区域（如北门），应达到高度利用的要求。根据前期的场地调查，现状场地Ⅰ区与Ⅱ区接近低度利用场地标准要求，

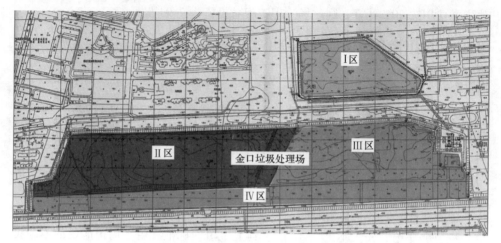

图 5-15　金口垃圾填埋场分区情况

为非稳定区；Ⅲ区与Ⅳ区垃圾接近中度利用场地的标准要求，为基本稳定区。四个区域均不能满足拟建工程的建设要求，需要进行生态修复。

5.4.3　填埋场治理方案和效果

目前，国内外对存量垃圾的治理通常采用就地封场生态修复技术、开挖筛分/转运技术和好氧修复技术。其中，好氧修复技术在美国、德国、意大利等国已成功应用 20 年，如德国 Kuhstedt、意大利 Landfill C、美国 NewRiver Regional 等，我国的首个实例是北京黑石头消纳场（2008 年）。该技术可广泛应用在有垫层或无垫层的正规或非正规的垃圾填埋场，适用于封场后或正在运行的垃圾填埋场。

金口垃圾填埋场的治理方案从设计、建设、运行、验收等，都经过了专家的多次考察、比选、论证，充分参考并优化了国内外现有的经验，并且与园博会建设相衔接，在建设和运行中对出现的各种问题及时采取有效的解决措施，力求经济性与治理效果双赢。根据前期调查结果，Ⅲ区与Ⅳ区填埋龄为基本稳定区，可直接采用规范封场修复；Ⅰ区与Ⅱ区填埋龄相对较短，若采取规范封场修复，将对场地用于园博会及其后续城市公园形成长期的环境与安全隐患，所以并不可取；若采取原地筛分处置的办法，预计总费用约 4 亿~4.4 亿元，且工期过长，不能满足要求。经过综合对比，好氧修复技术，可在短期内实现简易垃圾填埋场治理，具有其他方案不可比拟的优势，因此最终采取了Ⅲ区与Ⅳ区规范封场、Ⅰ区与Ⅱ区好氧修复技术的综合治理方案，总投资约 2 亿元。

主要工程内容包括堆体整形、堆体覆盖、地下防渗墙建设、好氧修复系统安装及调试（各种井、管道、风机、泵、控制与检测、监控、预警系统等）、填埋气和渗滤液导排、收集、监测系统、DTRO 成套设备及辅助设施、浓缩液处理设施、填埋气体火炬燃烧系统（含脱硫、储气罐），填埋气体氧化燃烧系统等，如图 5-16 所示。经过 12 个月的满负荷好氧修复运行后，金口垃圾填埋场所有技术指标均达到了国家标准《生活垃圾填埋场稳定化场地利用技术要求》（GB/T 25179—2010）规定的中度利用要求，使这处恶臭扰民、污水横流的"毒地"从此消失，整个场地变身为林木幽幽、花谷茶坡的山体景观，成为园博会主景区——荆山景区，与张公堤相呼应，实现了"生态山轴"和"景观山轴"的总体生态格局（见图 5-17）。除此之外，园博会创新性地在垃圾场上方的荆山上展示了部分生态修复的工程管道和催化氧化燃烧器、修复控制系统及渗滤液处理工艺流程，未来还将规划设计一处室内展馆，展示金口垃圾填埋场生态修复的全过程，包括技术、目标、成效等，进行科普示范。

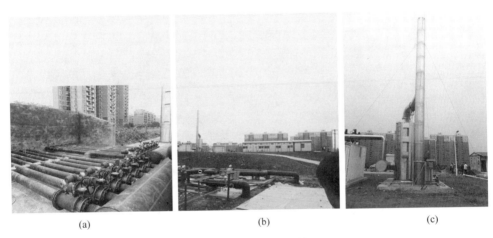

(a)　　　　　　　　　　(b)　　　　　　　　　　(c)

图 5-16　好氧修复系统

（a）输氧抽气系统；（b）渗滤液回灌系统；（c）臭气处理系统

图 5-17　金口填埋场修复后鸟瞰效果图

金口垃圾填埋场的生态修复是世界范围内目前规模最大的原位好氧修复老垃圾填埋场的成功案例，其修复难度、工艺复杂程度更是未有先例。该项目对废弃的垃圾填埋场进行生态修复治理，将垃圾填埋场变废为宝，不仅极大地改善了周边的环境状况，而且彻底消除了垃圾长期堆填造成的环境污染和安全隐患，提供了一条生态城市的发展思路。

6 异位开采和分质资源化技术

6.1 概述

生活垃圾填埋场封场数年后，垃圾中易降解物质完全或接近完全降解，垃圾填埋场表面沉降量非常小（如小于 1cm/a），垃圾自然产生渗滤液和气体产生量很少或不产生，垃圾填埋场达到稳定化状态，此时的垃圾成为矿化垃圾。矿化垃圾进行无害化后，可以综合利用，矿化垃圾生物反应床可用于畜禽废水和渗滤液的处理，垃圾中的部分塑料、纤维和玻璃可以进行回收。

生活垃圾填埋场的开采实践始于 20 世纪 50 年代，当时以色列对特拉维夫市的生活垃圾填埋场进行开采，填埋场开采的概念也因此产生。填埋场开采，就是利用传统的表面挖掘技术将填埋场内的垃圾挖出来，回收利用其中的金属、玻璃、塑料、土壤和土地等的过程。之后，美国和欧洲的一些国家陆续开展了开采工作，较成功的案例有美国佛罗里达的 Naples 卫生填埋场、纽约的 Edinburgh 卫生填埋场、Frey Farm 卫生填埋场，德国斯图加特 Burghof 卫生填埋场。国内上海老港生活垃圾填埋场、深圳盐田生活垃圾填埋场和武汉金口垃圾填埋场也做了一些尝试。

填埋场的开采主要是以采矿和选矿技术为基础，由于开采目的和场地特征的不同，开采方式有多种方式，但总体来说，填埋场的开采主要包括三个步骤：

（1）挖掘。先用挖掘机将填埋场中的稳定化垃圾挖出来，再由前装式装载机将垃圾堆成堆条，并分离出其中的大块物质。堆成堆条的目的是让挖出来的垃圾进行二次发酵，便于后续的运输和处理。

（2）筛分。物料经传送带进入滚筒筛，初次筛分，筛上物被运走，筛下物则进入振动筛，二次筛分。在筛分的过程中可进行部分物料的回收利用。

（3）可再生物料的利用和不可再生物料的填埋。分离出来的土壤可用作填埋场的日覆盖土、城市绿化营养土等；塑料等可燃物可焚烧获得热能；对于那些不可回用的物质进行妥善的处置，避免造成二次污染。

图 6-1 所示为德国斯图加特 Burghof 填埋场的开采流程，这个流程较为完整地体现了以上 3 个步骤。Burghof 填埋场开采工程的主要意义在于验证了填埋场开采在经济和技术上的可行性以及工程对操作人员及周围环境的影响程度。

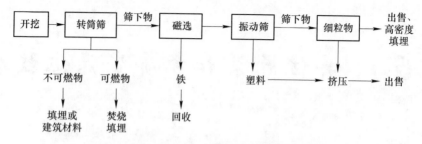

图 6-1 德国斯图加特 Burghof 填埋场的开采流程

6.1.1 填埋场开采

6.1.1.1 开采原因

一是城镇生活垃圾的产生量越来越大，需要更多的填埋容量，占用更多的土地，这在土地资源紧张的今天实现起来较为困难；二是填埋场封场后，若不进行持续长期的监测、管理，其产生的渗滤液会对地下水构成威胁。

6.1.1.2 开采目的

一是回收金属、土壤等可利用的物质，腾出可观的填埋容量，接受更多新的垃圾，延长填埋场使用年限。陈腐垃圾开采、筛分后，可以得到 50%~60% 有机细料、10%~15% 可回收利用的物品（塑料、玻璃、金属等），有 20%~25% 的粗料需回填到填埋场中去，可腾出 75%~80% 的填埋空间用于填埋新鲜生活垃圾；二是提高填埋场的建设标准，对那些污染控制不达标的填埋场，开采后可进行改造，增加防渗层，从根本上解决渗滤液对地下水的污染；三是可以改变填埋场用地性质，适应城市化的发展需求。

美国佛罗里达 Naples 填埋场开采的目的主要是获得填埋场的日覆盖土材料，降低填埋场的封场费用和责任，降低对地下水污染的风险，回收可燃和可再生利用物质。美国纽约 Edinburgh 填埋场开采的主要目的是避免封场的责任，减少填埋场的"生态足迹"，希望能从中回收一定的能源和可再生利用物质，因为填埋场周围的土壤资源丰富，所以，开采出的土壤运出场外，加工成建筑材料；Frev Farill 填埋场开采的主要目的也是回收可利用物质，开采出来的物质有 56% 转化为能源，41% 作为土壤回收利用，只有 3% 的垃圾再进行填埋。

6.1.2 开采方案

6.1.2.1 开采的必要前提条件

开采的必要前提条件概括起来就是填埋场必须达到稳定化。所谓的稳定化主要指垃圾封场数年后，垃圾中已降解完全或接近完全降解，垃圾填埋场表面沉降量非常小，不再产生异味，垃圾自然产生的渗滤液很少或不产生，垃圾中的可生物降解物质（BDM）下降到3%以下，便认为基本上达到稳定化了。

6.1.2.2　基础资料的收集

（1）填埋场场地及周围环境的调查。前者包括地理位置、地形、地貌特征等调查，后者包括水文和气候资料、当地居民生活饮食和习惯、燃料结构、初步确定填埋垃圾的主要成分。现场确认可用土壤、可回用物料、可燃垃圾以及危险废物的比例。（2）向有关部门询问城市区域规划计划和土地征用计划。大多数填埋场都在近郊，按现有的城市发展速度，近郊地区很有可能在城市发展规划之列。（3）市环境卫生专项规划资料。通过走访环卫所等环境卫生机构，了解生活垃圾的产生量及其变化情况、垃圾的主要成分、垃圾的收集和处理处置方式。（4）查阅相关的法律法规，了解填埋场开采的实施细则。（5）调查垃圾资源化利用的途径以及国家对此是否有特殊的扶持政策。

经过这一环节，可以初步确定适合开采的填埋场，但这个数量可能会比较大，因此还需要利用费用-效益分析方法来降低数量。

6.1.2.3　费用-效益分析

填埋场开采的主要经济效益有：增加填埋场的接纳容量、避免填埋场封场后的管理监测费用、降低对周围环境的修复责任、获得土地资源、避免新建和扩建费用、出售可回收利用的物料获得收益。

填埋场开采利用的费用主要有场地调查费用、租用或购买开采设备的费用、租用或购买人身安全设备费用、支付劳动力的费用、设备燃料和维修费用、不可回收利用物料的再处置费用、工作人员安全培训的费用、其他不可预见的费用。

经过费用效益分析后，符合要求的填埋场数量将显著降低。在荷兰，研究人员利用费用-效益分析方法，再配合现场调查和数据分析，将最初的147个初步符合开采要求的填埋场降低至4个。

6.2　开采过程

6.2.1　前处理工艺

随着废弃物卫生处置场填埋垃圾的矿化时间不同以及城市的发展和人们生活习惯的改变，垃圾成分也有所变化，因此对开挖单元的选择应该十分谨慎。为保证开挖条件，需要研究待开挖单元的地形、地质条件和填埋年限，是否满足开采机械和筛分机械的安全有效运行，开挖筛分是否经济可行和开挖是否安全等。为保证矿化垃圾的质量，还需要测定其微生物总量、离子交换容量、有机质和渗透系数等指标。为保证后续设备稳定运行，应对早期矿化垃圾和较短时间完成矿化的垃圾进行混合开采。

为确保开采质量和效率，首先把需要开采单元 30～50cm 厚的表层覆盖土用推土机剥离，此覆盖土可作为矿化垃圾反应床底部保护层用土。为减少垃圾的含水率，便于开采和提高机械筛分的效率，需要清除地下水。在接近开挖的单元底部设置一系列排水沟渠，用潜水泵抽除地下水。

6.2.2　开采

用推土机把选好的开采单元上面覆土推去，然后用履带式的铲挖机开采，停机面设在垃圾层上，对于填埋深度较深的填埋场可进行分层开采。用推土机进行部分开挖工作，能够短距离运送垃圾，并且可推、铺、翻晒垃圾。刚开采的湿垃圾首先按渠道划分形成的工作单元堆成垄，沥掉部分水分，使含水率降至 75%～80%；接着利用推土机按 1 周左右的筛分能力分开堆放，翻堆晒干，使含水率降为 35%～55%。

6.2.3　分选系统

分选系统主要是把矿化垃圾按性质、粒径等的不同，对垃圾进行分类分选。将垃圾中的可回用物质、可燃物与腐殖土等进行分选。经过挖掘、晾晒后的陈腐垃圾通过装载机给板式给料机上料，再均匀地通过皮带机输送到滚筒筛中，矿化垃圾经人工分选、筛选、磁选等工序，并且按垃圾的不同性质分别送到各自的后续处理工艺。滚筒筛的筛下物由 2 条皮带机运输到可逆皮带机，由车辆运走以资源利用，细腐殖土作为园林营养物、粗颗粒作为填埋场覆盖土等，有回收利用价值的垃圾直接作为可利用资源回收利用。垃圾分选系统工艺流程如图 6-2 所示。

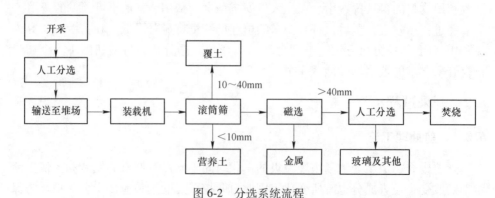

图 6-2　分选系统流程

（1）垃圾进料及送料。首先人工清除石块、木头之类的大件杂物，然后用自卸车经称重后把垃圾运至矿化垃圾储坑。通过装载机给板式给料机上料，再均匀地通过皮带机输送到滚筒筛的进料斗。

板式给料机主要是垃圾的喂料设备，与后续的均匀拨料机组合使用，起到均匀输送物料的作用，板式给料机料仓下部周边需留有足够的空间，便于维修和清理。

（2）滚筒筛分处理。经过预分选处理的垃圾由皮带机送入二级滚筒筛进行筛分处理，根据垃圾尺寸大小的不同进行自动分选。根据粒径的不同，物料被筛分成<10mm，10~40mm，>40mm 三个部分。其中<10mm 的矿化垃圾细料经传输带送至地势比较高的单元上堆放，以免被雨水浸泡，影响矿化垃圾的处理效果，经检测后作为营养土供园林绿化使用；10~40mm 的中段部分经后续处理后作为垃圾填埋场覆土使用；>40mm 的部分由筛筒的端部排出，再由传输带运送，经后续处理后送至焚烧厂处理。

（3）磁选处理。40mm 以上的粗料中含有一些金属等可回收物质，因此需经磁选回收其中的黑色金属，同时保证后续设备的正常运行。

（4）人工分选。分拣工人主要分拣干扰物和特定的垃圾种类，垃圾进入人工分选站的带式输送机上，带式输送机两侧设置 2 个分选工位，拣选工人根据作业分工要求，分别拣选垃圾中的无机大块物料以及一些干扰后续设备的丝状物料。

陈腐垃圾基本无臭味，分选平台需配有良好的通风换气及空调装置，以保证分选人员在良好的工作环境下进行操作。

（5）其他。分选系统配有控制及操作设备，现场控制柜设有急停按钮、限位开关等。操作状态指示灯及故障指示灯等显示在现场操作盒上。控制系统由上位机、PLC、检测元件、操作元件、控制元件、报警显示元件、紧急停止安全元件组成。

开采筛分技术属于异位减量治理技术，限制条件相对较少，可以分批、分阶段腾出现有的垃圾存放空间，治理较为彻底，因此可作为多数非正规垃圾填埋场地采用的治理技术，并有较大的推广应用前景。

通过对垃圾物理成分、含水率、沼气含量等理化特性的检测，筛分技术适宜于垃圾体趋于稳定，主要成分为生活垃圾，无易腐有机物，含水率、沼气含量较低，渗滤液较少的非正规垃圾填埋场治理。含水率超过 40% 以上，渗滤液较多，沼气浓度较高的非正规垃圾填埋场，不适宜采用筛分技术。

矿化垃圾经过开采、分选后，不仅能够资源化利用，而且清空了填埋场的库存垃圾，为垃圾处理不可资源化的残渣提供了出路；同时节约了大量填埋覆土，为环境友好型社会的建设提供了保障。矿化垃圾开采、分选与资源化利用不仅具有经济效益，同时也具有社会效益。

为了后续设备的稳定运行，在检测成分的基础上，不同矿化年份的垃圾应混合开采。同时，在矿化垃圾开采过程中，需要时时对填埋场地的地形、地质、水文等情况进行监测。由于我国垃圾成分复杂，前期没有进行过原生垃圾分类的程序和习惯，在开采和分选的过程中，需要全程对矿化垃圾的成分进行检测，以利于各组分最大资源化的利用，并且开采产生的渗滤液需要进行抽取与处理。

在筛上物采用焚烧处理工艺时，由于矿化垃圾筛上物与原生垃圾存在巨大区别，需要对后续工艺进行必要的计算与评估，以满足我国相关的排放标准及规范。

6.2.4 开采过程对环境影响分析及安全控制措施

6.2.4.1 环境影响的指示因子

评价开采过程对环境影响的指示因子有 TSP、噪声、有毒有害气体对大气的污染、对地下水和饮用水的污染、滑坡、塌陷、病原体引起的流行疾病等。

6.2.4.2 环境影响及安全控制措施

由于填埋场多年来完全处于一个封闭的厌氧环境，故沼气和硫化氢等气体积累较多，在开采的过程中会将这些气体释放出来，而甲烷在空气中的体积分数达到 15% 就会发生爆炸。

二氧化硫是具有恶臭且有剧毒的气体，人体吸收少量的二氧化硫气体就会中毒，吸入量过大时甚至可导致死亡。在开采的过程中要随时对这些气体进行监测。对于开采出来的有毒有害物质要避免操作人员直接接触，应采用机械设备将其运往特定场所处置。另外，某个单元的填埋场的开采活动可能会破坏周边填埋单元的结构完整性，从而引起不均匀的沉降或塌方。

6.2.4.3 建立操作人员安全保护机制及措施

在填埋场开采工程之前，必须建立一套完整的安全保护机制和突发事件的应急预案措施，保证操作人员的人身安全。所有的操作人员也都必须接受安全和突发事件的应急反应培训，一般包括危险废物的知情权、呼吸防护设备、工作空间的安全保障、粉尘和噪声的控制、事故预防和处理培训、坚持做工作记录等。

6.3 矿化垃圾的利用

6.3.1 矿化垃圾的概念

垃圾的矿化程度与填埋时间密切相关，国外很多研究证明垃圾填埋时间越长越稳定，发达国家填埋场真正的稳定时间均超过 30 年，有的更长甚至上百年。国内赵由才等结合上海老港填埋场多年的研究认为填埋场矿化垃圾在广义上可论述如下：平原型填埋场封场（或者山谷型填埋场垃圾填埋）数年后，垃圾中易降解物质完全或接近完全降解，垃圾填埋场表面沉降量非常小（如小于1cm/a），垃圾本身已很少或不产生渗滤液和填埋气，垃圾中可生物降解含量（BDM）较小（如小于2.55%），渗滤液COD浓度较低，垃圾填埋场达到稳定化状态，即无害化状态，此时填埋场内的垃圾称为矿化垃圾，也称稳定化垃圾。

根据吴军等的研究认为，填埋8年以上的垃圾，单元中产生的垃圾渗滤液基本已达到或小于其排放的三级标准（SS浓度≤400mg/L，COD浓度≤1000mg/L，BOD浓度≤600mg/L），且主要由难被微生物利用和降解的腐殖质组成。通过对一个封场7年后的渗滤液水样的研究表明，渗滤液中65.5%的TOC是以腐殖质的形式存在的，且分子量较大、稳定性较好的胡敏酸在总TOC中所占比例比分子量较小的富里酸高约10%。这间接说明了垃圾在填埋的时间内，大部分不稳定的、易分解的有机物或被微生物利用形成甲烷、二氧化碳和水等无机物达到完全矿化状态，或者形成了在自然界中相对稳定的腐殖质。

需要强调的是，矿化垃圾虽然在基本结构上与土壤相类似，但由于其原始形成物质和形成过程，其本质与土壤存在着显著差异。因此，当被用作污水处理基质时，矿化垃圾比常规的土壤具有更为优越的水力学和微生物学特性。

6.3.2 矿化垃圾的形成过程

生活垃圾在填埋场填埋后，经过最初几个月时间的好氧及兼氧降解之后，进入了长达数十年的厌氧降解过程。最终，填埋场中除了一些不可生物降解的物质，如石子、玻璃等以及那些极难生物降解的物质（腐殖质等）之外，大部分物质都被缓慢而有效降解。在此过程中，复杂有机物质在多种厌氧微生物的作用下，分解成较为简单的无机物，如CO_2、CH_4、H_2、H_2O、NH_3、$H_2PO_4^-$、SO_4^{2-}等，同时形成许多中间产物，这些中间产物与一些微生物的排泄物再反应络合成新的复杂有机化合物，即腐殖质。

填埋场稳定化过程中，除生物作用外，垃圾内部也同时发生着各种化学反应和物理变化，如垃圾中金属制品的氧化溶解，有机酸及CO_2的产生可能导致一些钙、镁离子与其他金属离子发生反应，生成难溶性化合物而沉积在垃圾中，同时各种降解产物在垃圾中也发生一些络合反应，生成一些复杂的具有特点组成的混合物。这些混合物在填埋场中同时也经受着渗滤液的长期洗沥、填埋气的扩散运动、各类微生物的生长繁殖等作用，使形态各异的垃圾最终形成一种类似腐殖质的颗粒状、类土壤物质。

在垃圾填埋场稳定化研究方面，垃圾成分、垃圾的压实密度、垃圾的填埋年龄及填埋深度、填埋场的地理位置、水文气象条件等均会影响垃圾的降解速度，从而使其所需达到稳定化时间不同，目前国内外还没有一个完全定量化的指标，也没有一个通用的时间标准，但达到稳定化的填埋场的垃圾具有一定的共性。

6.3.3　矿化垃圾的综合利用

开采出来的矿化垃圾能否得到有效的利用，直接关系到填埋场开采的经济效益。矿化垃圾的利用途径（见图6-3）一般有以下几个方面。

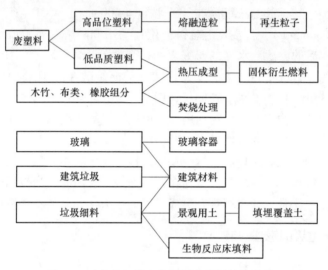

图 6-3　矿化垃圾筛上物资源化利用技术路线

6.3.3.1　筛上物的利用

矿化垃圾分选的筛上物中塑料、玻璃等物质约占 2%~5%，可以对塑料进行资源化再利用。同时，分离木竹、布类、橡胶等组分，生产固体衍生燃料，或直接焚烧处理，实现减容减量。这种物料每吨发电后上网电量为 365kW·h 以上，1000t 的发电厂每年可以节约标准煤约 $1.0×10^5$t。砖头、石块等大块物质占 30% 左右，可用作建筑材料和铺路材料；此外，玻璃可用于制造玻璃容器或建筑材料。

6.3.3.2　用作填埋场的日覆盖土和封场用土

目前我国大部分填埋场的覆盖土都购买郊区的农田土壤，这不仅增加了填埋场的运营成本，还降低了农业生产力。开采出来的矿化垃圾经过筛分后得到细料土壤，经二次发酵后可用作日覆盖材料，便于就地取材，价格低廉。矿化垃圾是一种类似堆肥的腐殖土，具有疏松的多孔结构，具有很强的吸附和生物脱臭作用。有学者发现将矿化垃圾用作覆盖土材料能有效地去除新鲜垃圾产生的臭气，除臭速率随垃圾堆积密度的提高而增加，在堆积密度为 740kg/m³ 时，恶臭的去除率可达到 97%。将细料土壤用作日覆盖土和最终覆土，既能实现资源的有效利用，又可大大降低填埋场的操作成本。

此外，该部分作为建筑材料及道路基材也有广阔的市场，国内外一些科研机构对矿化垃圾作为环保领域吸附剂的研究和试验也在进行之中。

6.3.3.3 用作城市绿化的营养土

矿化垃圾经过多年的厌氧发酵，除一些金属、玻璃、砖头、石块等无机物和纤维素等难降解的有机物之外，大部分有机物得到充分的降解，使矿化垃圾成为一种含有丰富有机质和多种营养元素的类似腐殖土的颗粒状土壤物质，筛分后经成分分析后可以作为城市园林绿化、林地的营养用土，种植花草树木，也可用做土壤修复的改良材料，可在一定程度上缓解城市土壤缺乏的压力。

6.3.3.4 作为生物反应床的填料

赵由才等对填埋龄为 13 年和 9 年的矿化垃圾的基本特性进行了研究，结果表明，矿化垃圾呈疏松多孔结构，有机质的质量分数达 10%，每 100g 干垃圾中的阳离子交换量更是高达 0.069mol 以上，比一般的土壤高出好几倍；比表面积大，小于 0.25mm 细粒的质量分数也较一般的沙土高出近 10 倍；饱和水力渗透系数很高，与中砂土和砂、砾混合土相近；微生物种类丰富、数量多，所以矿化垃圾可作为废水处理的填料介质。

6.3.4 矿化垃圾反应床处理垃圾渗滤液实证

根据上海老港填埋场不同填埋单元的稳定化程度及矿化垃圾开采利用的目的，选择 1994 年封场的 40 号填埋单元作为开采点，采用反铲方式进行开挖，挖掘深度约为 2m，每次开采 2000t，晾晒 15 天以后进行筛分，以免含水率较高的易黏结物料堵塞筛孔。筛分作业在晴天进行，每天筛分 120t 左右，共筛分矿化垃圾 10800t，其中粒径小于 40mm 的细料部分（约 60%）用作反应床生物填料；对人工拣选和机械分离得到的塑料、玻璃、金属、橡胶等其他还未降解的有用物料（约 15%）加以回收利用，对不可回用的粗大物料（约 25%）进行回填处理。其工艺流程及筛分过程如图 6-4、图 6-5 所示。

6.3.4.1 矿化垃圾反应床的过程分析

根据通风和密闭与否，矿化垃圾生物反应床可以分为好氧、厌氧和兼性等三种类型。在目前的第一代矿化垃圾生物反应床中并没有采用强制通风供氧措施，主要依靠自然通风措施，床体内主要发生厌氧反应和缺氧反应，微生物种类也以

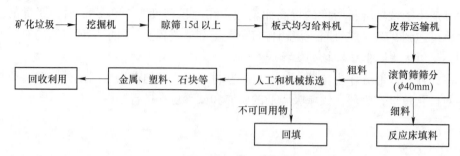

图 6-4 矿化垃圾开采与筛分工艺流程

图 6-5 矿化垃圾筛分过程照片

兼性微生物为主。在反应床上下部以好氧反应为主（由于与大气接触），在反应床中部以厌氧反应为主，在反应过程中缺少氧的传质过程，这与生物反应滤池发生的反应类型有着本质区别，反应机理如图 6-6 所示。

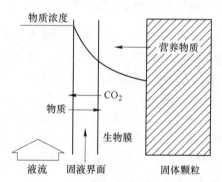

图 6-6 矿化垃圾生物床处理有机废水的机理

渗滤液在流经矿化垃圾反应床的过程中，其中的悬浮物、胶体颗粒和可溶性污染物在物理过滤与吸附、化学分解与沉淀、离子交换与螯合等非生物作用下，首先被截留在床体浅层（0~60cm）的生物填料表面，在落干期良好的好氧条件下，经生物氧化和降解作用，获得微生物生理生化活动所需的能量，将渗滤液中的营养元素吸收转化成新的细胞质和小分子物质,并将 CO_2、H_2O、NH_3、NO_2-N^- 和无机盐等代谢产物排出系统之外,或淋溶至兼氧区和厌氧区继续降解。已有的研究结论表明,渗滤液中大部分污染物的去除作用主要发生在好氧区,兼氧区和厌氧区等因微生物数量少、活性低,其中的生化反应较为平缓。图 6-7 所示为矿化垃圾反应床由上而下整个床体内生物降解(好氧、兼氧、厌氧)作用的示意图。

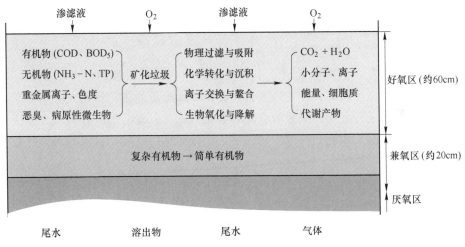

图 6-7 矿化垃圾生物反应床净化渗滤液示意图

从矿化垃圾填料个体上看,在其表面生物膜形成的初期,微生物的代谢活动旺盛,净化功能好,而随着生物膜上的微生物的增殖,膜逐渐加厚,内部出现厌气分解现象时,净化功能减退,当达到一定厚度时,生物膜层内由于得不到足够的氧,由好气分解转变为厌气分解,微生物逐渐衰亡、老化,使生物膜从填料表面脱落,而脱落后腾出的更新表面,又会逐渐形成新的生物膜。因而,个体填料对渗滤液的处理效能呈周期性变化。但就整个系统而言,当运行参数固定后,矿化垃圾上的生物膜的形成、稳定和脱落处于动态平衡中,对有机负荷和水力负荷的缓冲性较大,反应床对渗滤液的处理工艺可长期稳态运行;同时,考虑到好氧作用对矿化垃圾反应床的重要作用,可通过渗滤液干湿交替喷洒配水或强制通风等运行方式,增加反应床中的生物填料与大气交换的频率,从而大大促进生物膜中好氧微生物的降解性。这种床层氧化还原环境周期循环的操作方式,可使床体生物膜内始终并存有好氧、兼氧和厌氧微环境,比单一的氧化或还原环境更有利于有机物的彻底降解。

由于生物膜不断更新,脱落的生物膜易随水流出,造成出水悬浮物浓度增高,直接影响出水水质,导致系统对 TSS、色度、细菌等去除率不高,系统出水可明显观察到悬浮状絮体物,因此在矿化垃圾生物反应床后需设置沉淀池。

6.3.4.2 矿化垃圾反应床处理渗滤液影响因素

矿化垃圾反应床处理渗滤液过程中，主要受驯化方式、水力负荷、矿化垃圾粒径、矿化垃圾年限、矿化垃圾反应床床层高度等因素的影响。针对矿化垃圾反应床处理渗滤液的一些影响因素，石磊构建了 5 个小型矿化垃圾生物反应床，通过分别装填不同粒径的矿化垃圾细料，进行不同反应床运行效果的初步研究，探讨堵塞成因及解决方案；随后比较了沿床层不同高度的出水水质，并通过试验和理论推导确定矿化垃圾床层的适宜高度；最后，通过反应床不同驯化方式的比较，给出较适宜的系统驯化方案。

A 不同驯化方式对矿化垃圾生物反应床处理效果的影响

由于渗滤液浓度较高，变化较大，因此，开始阶段的驯化作用至关重要。矿化垃圾反应床在运行之初，应采取合理的驯化方式，以逐渐形成种类多、适应性好、具有较强新陈代谢能力的微生物区系，使得配水期吸附、截留的污染物能尽快得以去除。

根据前面的一些研究成果，石磊采用 5 个反应柱内均装填粒径 $d \leqslant 15mm$ 的矿化垃圾细料，分三组进行驯化，第一组试验水样 COD 浓度从低浓度到高浓度逐渐进行驯化（1500~12000mg/L），其中 A 柱每一浓度梯度运行 3d，B 柱则运行 5d；第二组水样 COD 初始浓度较高，为 6000mg/L，并逐渐升到 12000mg/L，C 柱每一浓度梯度运行 3d，D 柱则运行 5d；第三组水样 COD 浓度梯度同第一组，但每日配水期间加入 10mL 某生活污水厂初沉池的活性污泥，该柱每一浓度梯度运行 3d。

结果发现，低浓度长时间的驯化效果好。而 C 柱和 D 柱因初始驯化浓度较高，驯化效果较差，说明采取低浓度驯化对于矿化垃圾反应床具有良好的效果。而添加了少量活性污泥的 E 柱，在配水期间引入了新的微生物，加强了填料颗粒表面的生物膜以及颗粒之间的生物絮体对污染物的截留和吸附作用，因此 3d 一个递增梯度的驯化方式，其效果与 B 柱类似，这说明活性污泥的加入，有利于缩短驯化期，但随着驯化的结束，该方式对工艺的正常运行并没有十分显著的影响。

因此，合理的驯化工艺应从低浓度开始，保证每一阶段的驯化时间，这不仅有利于匀化水质，逐步培养微生物的适应性，而且可避免因高浓度原水在反应床启动初期对微生物产生异常的毒害或抑制作用，从而对工艺的后期运行造成持续消极影响，使渗滤液的处理负荷难以进一步提高。

B 不同粒径矿化垃圾生物反应床的运行效果

由于矿化垃圾反应床既具有吸附作用，又具有生物降解作用，因此，不同粒径的垃圾对其处理效果也会有不同的影响。石磊采用 5 个相同的装置，分别装填不同粒径垃圾，即筛分粒径小于 40mm（A 柱）、15mm（B 柱）、6mm（C 柱）、2mm（D 柱）和 1mm（E 柱）的矿化垃圾，研究了各自的处理效果。不同粒径矿化垃圾生物反应床的小试工艺流程如图 6-8 所示。

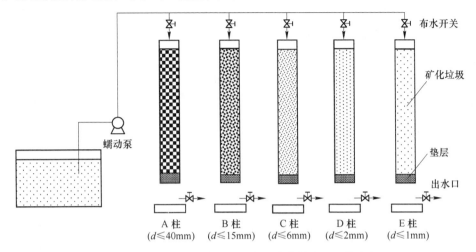

				布水开关
				矿化垃圾
A 柱	B 柱	C 柱	D 柱	E 柱
(d≤40mm)	(d≤15mm)	(d≤6mm)	(d≤2mm)	(d≤1mm)

蠕动泵　垫层　出水口

图 6-8　不同粒径矿化垃圾生物反应床的小试工艺流程

经过一段时间运行后，发现 A 柱和 B 柱在配水 2d 后即有水渗出，此后一直稳定运行，无堵塞现象；C 柱在配水 3d 后有水渗出，但 15d 后出水困难，有堵塞现象；D 柱和 E 柱在配水 4d 后有水渗出，但在 10d 后均出现堵塞现象。

从 COD 的去除率来看，在配水初期，矿化垃圾显示出较强的有机物截留吸附和过滤沉积能力，COD 经短暂的快速去除后，其去除率逐渐下降至一个稳定值，这说明在床层内部形成了一种污染物吸附—生物降解的动态平衡。研究发现，矿化垃圾粒径越细，配水初期对 COD 的去除率越高，这可能与其孔隙度较大、吸附容量较高有关，但 E、D、C 三柱先后出现了堵塞现象，其水力负荷和 COD 的去除率在堵塞发生后迅速降低，床层稳态失衡。显然，矿化垃圾粒径有一个合适的范围。

对于氨氮，其去除率与 COD 相似。配水初期，矿化垃圾粒径越细，对 NH_3-N 的吸附作用越明显，如 E 柱 NH_3-N 初始去除率达到 90% 以上，但随后出现的堵塞现象，使其去除率迅速下降至 70% 以下，C 柱和 D 柱的趋势与此相似；在 A 柱和 B 柱中，由于粒径较大、水力渗透性能良好，床层内的吸附—降解平衡维持良性状态，故氨氮的去除率分别稳定在 70% 和 75% 左右。

而对于渗滤液 TSS，去除趋势与 COD、NH_3-N 去除趋势不同：随着粒径的减小，TSS 去除率基本稳定或略有上升，说明 TSS 的去除与吸附、截留、过滤等物理作用密切相关，并没有因为生化降解过程受到抑制而有所降低。

通过以上比较不同筛分粒径的矿化垃圾反应床对渗滤液 COD、NH_3-N 和 TSS

的去除效果可发现：一方面，粒径越细（$d \leqslant 6mm$），床层的吸附容量越大，在配水初期的去污能力就越强；但随着截留、沉积、过滤等物理过程推动力的减弱和床层填料结构致密性的增加，生化反应的好氧、缺氧与厌氧环境将无法进行有效更替循环，从而使床层表面或内部沉积的污染物难以形成配水期吸附、截留为主、落干期好氧降解为主的动态平衡，以致床层出现堵塞现象，出水水质恶化。另一方面，与粒径 $d \leqslant 40mm$ 的 A 柱相比较，B 柱（$d \leqslant 15mm$）中矿化垃圾填料颗粒均质性较好，碎玻璃、碎石头等惰性物质含量甚微，给水度和孔隙度较大，水力渗透性能良好，而且单位体积内的微生物群落比 A 柱更为丰富。因此，COD、NH_3-N 和 TSS 的去除率高、运行稳定。

6.3.4.3　矿化垃圾生物反应床的堵塞成因与控制

矿化垃圾生物反应床的堵塞成因主要有两个：一为矿化垃圾粒径过小，容易发生堵塞；二为运行时水力负荷过大。一系列的试验结果表明：床体的堵塞形成是一个渐进过程。由于其中的矿化垃圾粒径细小、给水度差，因此一旦开始投配悬浮物含量较高的渗滤液，其孔隙状况及水力传导性能即会发生明显改变。即在填料自重、静水压力及下行水流的作用下，床体颗粒会吸水膨胀和重新分布，致使床体填料的孔隙度减少，渗滤性能减弱，使渗滤液中的悬浮物在浅表层的孔隙中不断聚集，导致床体通气复氧状况持续下降形成缺氧、厌氧环境，微生物活性受到抑制，污染物不仅无法氧化降解而彻底去除，其间胞外聚合物分泌、微生物产气和生物膜形成等作用也在不断加强，从而进一步加速堵塞状况。同时，这种暂时性堵塞，并没有因为后续的短暂落干而得到缓解，因此悬浮物和胞外聚合物的持续蓄积，最终堵塞了全部的浅表层孔隙，形成一层黏稠的有机-无机沉积膜，使整个床体净化能力消失，形成永久性堵塞。

针对反应床堵塞的形成机制，可采取如下措施进行预防和控制：（1）构建反应床的矿化垃圾应有良好的团粒结构、粒径分布、机械强度和渗透性能，稳定性要好，不易破碎、崩解为黏性细粒。（2）对于因悬浮物吸附、沉积和截留等物理因素引起的堵塞，宜采用粒径和孔隙率较大的矿化垃圾作为填充介质，若渗滤液中的 TSS、有机物含量太高，可采取适当的预处理方式。（3）对于因生物膜形成、微生物产气和胞外物积累等生物过程引起的堵塞，可采取干湿交替、降低处理负荷、进水曝气，以及利用床层结构自然或强制通风等方式，维持床层较高的氧化还原电位，避免胞外聚合物的过度积累。

如果是因为水力负荷或有机负荷超过了反应床的处理能力，从而造成难分解的有机物在床层积累，使床层孔隙堵塞，出现持续厌氧现象，致使出水水质下降，可采取两种方法进行恢复：一是应减少配水负荷、延长落干时间，使床体表层恢复好氧状况，逐渐将积累的胞外聚合物（多糖、蛋白质等）、固形颗粒等氧化降解，使堵塞得到消除，但这一进程耗时较长；二是由于堵塞绝大多数发生在床体表层，因此可以通过界面土的翻挖、铲除等表面管理措施，修复或直接更换表层填料。

6.3.4.4 高度对矿化垃圾生物反应床运行效果的影响

矿化垃圾生物反应床填料装填高度的确定，与出水水质、处理负荷及投资成本直接相关：厚度太小，水力停留时间短，出水水质差；而厚度过大，将降低渗滤液的处理负荷，这对工艺的工程化推广是不利的。

针对以上的情况，石磊采用了一个柱高 2m，内径 10cm 的矿化垃圾生物反应床来说明高度对处理效果的影响。

试验中发现：COD、BOD_5、$NH_3\text{-}N$ 和 TSS 在床体表层 0.6m 以内去除效果十分明显，当沿床层纵深大于 1.2m 时，去除率增长缓慢。这是因为 COD 和 BOD_5 的去除机制以好氧生物降解为主，表层微生物数量多、活性强，具有适宜的好氧环境，故有利于有机物的去除，但随着入渗深度的提高，渗滤液的可生化性（B/C）逐渐从最初的 0.375 降至 0.1 以下，床层逐渐过渡至兼氧或厌氧环境，这为后续的生物处理带来了难度；TSS 的去除机制主要为过滤、吸附和截留，然后在微生物的作用下进行氧化分解；$NH_3\text{-}N$ 在浅表层经矿化垃圾吸附后，在落干期间可较完全地被氧化成亚硝酸盐或硝酸盐得以去除，但在厌氧区域因碳源不足导致反硝化作用不完全（BOD_5/TN 过低），因此出水中主要为 $NO_3^-\text{-}N$。色度的去除相对平稳，由于其影响因素较多，来源复杂（生物色素、带色腐殖质颗粒、工业染料等），认为其去除机制以化学沉淀、吸附、螯合等作用为主。

6.3.4.5 生物反应床的设计

矿化垃圾生物反应床处理渗滤液的工艺属天然基质自净化过程。在结构上主要包括填料层、承托层、配水和排水系统；在形状上，应尽量减少死角和流体短路，并力求使床体构型有利于污染物的降解过程。因此，依据快速渗滤系统的设计原则对反应床进行了优化设计，其结构剖面图如图 6-9 所示。

A 填料层

在示范工程中，为便于布水操作，三个反应床的横截面均为 32m×32m 的方形结构，一级床、二级床、三级床内矿化垃圾的实际装填高度分别为 2m、2.2m 和 2.4m，三个反应床共装填矿化垃圾约 5400t。

填料层高度与通风状况对反应床的净化效能影响很大，前期研究工作表明，渗滤液 COD、BOD_5、$NH_3\text{-}N$ 和 TSS 等污染物的去除，主要集中在床体 60cm 以上复氧条件良好的浅层，且沿床层深度由上而下去除效果呈负指数递减趋势。因此填料层厚度太小，水力停留时间短，出水水质差；厚度过大，将大幅增加投资成

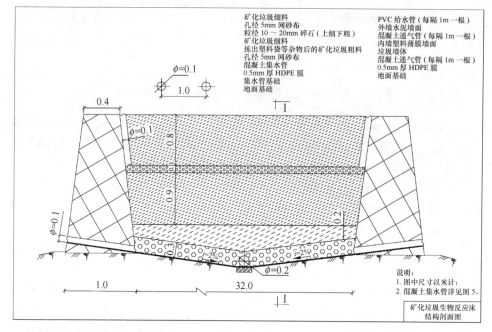

图 6-9　矿化垃圾生物反应床实物照片与结构剖面图

本，并使床体深层区域的好氧降解作用受到抑制，从而导致单位质量填料对渗滤液的处理负荷下降。

根据反应床的这一特点，基于防止床层堵塞、强化复氧、节省占地、减少重复投资，以及提高处理负荷等方面的考虑，填料层厚度设计为 100cm 左右，采用上下双层结构，中间采用 10cm 厚的碎石层予以隔断，碎石层经由床侧通风管道与大气相通，同时在床层内沿纵横方向每隔 5m 处设置高出床层表面的通风管（$\phi100mm$），以强化床层的通风效果，工程照片如图 6-10 所示。

图 6-10　工程照片

B　配水系统

渗滤液进水直接取自兼氧塘，由高压水泵通过管式大阻力布水系统进行喷灌配水。与表面分配和浇灌分配相比，喷灌分配既具有水力分布均匀、分配效率高、受床层表面平整度影响小、配水/落干时间和配水量易于自动控制等特点，又可使部分挥发性有机物在喷洒中得到逸散去除，同时还强化了液滴在大气中的复氧进程，有利于后续的生物处理。

管式大阻力布水系统设计参数见表6-1，配水系统照片如图6-11所示。

表 6-1 管式大阻力配水系统设计参数 （mm）

干管管径	支管管径	支管间距	配水孔间距	配水孔径	开孔比/%
100	20	500	75	2	0.25

图 6-11 配水系统照片

C 排水系统

床体地面基础平整时，需预留2%的坡度以利于尾水导排，排水设施采用管径为200mm的穿孔集水管，其结构剖面图如图6-12所示。排水系统位于承托层之中，承托层之下铺设有0.5mm厚的HDPE防渗膜。

图 6-12 穿孔集水管

D 承托层

承托层的主要作用有两方面：一是在反应床底部起承托垃圾层的作用，使垃圾层架空，便于滤出水顺畅排出，以利于渗滤过程的持续进行；二是通过滤液的排出和排水口空气的进入，促进垃圾介质层内的气体交换。

承托层采用粒径为 10~20mm 的破碎石块铺设，较大石块置于底层，碎石置于上层，总厚度为 300mm 以上，照片如图 6-13 所示。

图 6-13   承托层结构照片

E   工艺流程的确定

矿化垃圾生物反应床净化渗滤液的机制主要为配水期的截留、吸附，及落干期的生物降解。在此过程中，微生物生长繁殖所产生的代谢产物也绝大多数被截留在床体内部为自身所消化。因此，在适当的负荷下，其出水可不进行固液分离和再处理而直接排放。同时，在适宜的运行方式和运行参数下，矿化垃圾生物反应床可自身形成良好的固、液、气环境，不需要其他人工改善手段。因此，利用矿化垃圾构建反应床处理渗滤液的工艺流程可大为简化，只需要水质调节、厌氧酸化等预处理工序和多级反应床主体工艺两部分即可。预处理的主要目的是降低进水中悬浮物和大分子有机物的含量，防止过量的悬浮物短时间内堵塞床体表层，并有效改善进水的可生化性。

示范工程的工艺流程如图 6-14 所示。渗滤液原水首先进入调节池进行水质调节，然后进入厌氧池水解酸化；经泵提升到第一级反应床进行喷灌配水，出水进入集水池；再由泵提升进入第二级反应床配水，出水进入集水池；最后由泵提升到第三级反应床配水，尾水收集后，根据出水水质的不同要求直接排放，或经进一步深度处理后中水回用或达标排放。

图 6-14   示范工程的工艺流程

环境管理和修复验收

7.1 环境管理计划

非正规垃圾填埋场/堆放点修复项目环境管理计划应涵盖项目所有潜在的二次环境影响和职业健康与安全风险，提出相应的减缓措施。为确保计划被有效实施，应提出环境管理机制，落实项目各有关方的职责与分工。同时提出环境监测计划，验证减缓措施的实施效果并核实实际的环境影响。此外，环境管理计划还需提出相关的培训计划要求，以加强项目相关各方实施环境管理计划的能力。

非正规垃圾填埋场/堆放点修复项目环境管理计划的编制工作程序如图 7-1 所示。

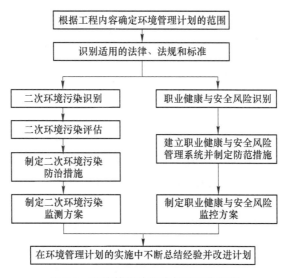

图 7-1 环境管理计划编制的工作程序

7.1.1 大气环境污染的控制

7.1.1.1 大气环境影响的识别

根据有关大气环境质量标准和大气污染物排放标准识别大气环境影响。

A　治理工艺产生的废气

在垃圾堆体筛分、减量、移除的工艺过程中包括很多操作与活动，例如开挖、转移至筛分机械或分类机械、装车，或者进行临时堆放。这些操作都会产生大量的粉尘、有机和无机气体以及恶臭。通常这些操作都会在较大的区域范围内进行，因此许多大气污染物的排放是无组织排放。

当利用焚烧修复技术时，土壤的准备、混合、添加、燃烧等过程都会产生大量工艺废气。特别是焚烧过程中，一方面污染物燃烧时会产生高温废气，另一方面燃料和其他参与燃烧的其他物料也会产生大量高温工艺废气。当利用热脱附技术修复有机物污染土壤时，需通过直接或间接的方式对土壤加热，将污染物从土壤中解吸出来，因此会产生大量的高浓度、高温工艺废气。若对挥发出的含污染物气体处理不当，会产生大量的污染气体排放。

原位或异位的气相抽提都会产生废气。如果废气处理不当，会产生大量的污染气体。利用抽提处理、空气注射和化学氧化技术进行地下水修复时，由于抽提与注射需要利用空气进行，化学氧化也会产生化学品与污染物，因此这些过程都会产生有组织的尾气排放和无组织排放，进而污染环境空气。

B　工程开挖过程

工程开挖过程比较典型的大气环境污染主要是扬尘：（1）在空旷且未加屏蔽的场地开挖；（2）在大风、干燥的天气下进行开挖；（3）开挖后的裸露垃圾或土壤表面在大风或干燥的天气情况下；（4）任意丢弃或堆放开挖过程中产生的弃土、废料和废石；（5）对垃圾污染物或土壤进行物理分离作业。

C　土方运输过程

土方运输过程的污染也主要是扬尘问题，产生扬尘的环节有：（1）在大风情况下进行垃圾或土方装卸、抛撒；（2）若垃圾或土方运输车辆采用普通敞开式车厢，则可能导致垃圾或污染土壤在运输过程中意外撒落；（3）若垃圾或土方运输车辆速度过快，可能导致垃圾或污染土壤在运输过程中意外撒落；（4）若垃圾或土方运输车辆离开现场前轮胎上附着有垃圾或污染土壤，则污染土壤可能被带出场地。

D　土方临时堆放可能造成的大气环境污染

若将可能产生扬尘的垃圾或土方堆放在环境敏感点的上风向，则可能对敏感目标造成较为严重的大气环境污染；若将垃圾或污染土堆放在户外空旷地带且未采取防扬尘与挥发措施，则易造成多方位、大范围的大气环境污染；若未对垃圾或土方堆置采取防扬尘与挥发措施，且堆置时间较长、堆置范围较大，则易导致严重扬尘；垃圾或土壤露天堆放时，挥发性物质会通过自然挥发产生无组织排放。

E 工程机械或运输车辆的尾气

若采用的施工机械设备和交通运输工具不符合国家卫生防护标准，其废气排放可导致大气环境污染；此外，工程施工时使用大功率机械，其燃料燃烧产生的大量废气也可导致大气污染；施工运输车辆在交通高峰时段上路，尤其是负责大件或突击运输的，可导致较大规模的车辆尾气污染。

7.1.1.2 优先预防措施

优先预防措施包括：对作业场所特别是对敏感点的大气环境进行定期监测与检查，及时发现存在的污染问题；对于场地设施的拆除和污染清除，首先要清除设施或设备内部的化学品、污染物，然后再实施拆除或者清除工序；施工前先修筑场界围墙或有效的围屏；根据场地情况制定大风天气挖掘施工的方案，例如4级以上的大风天气应停止挖掘施工；运输垃圾、渣土、砂石的车辆必须取得"运输车辆准运证"，实行密闭式运输；施工单位必须选用符合国家卫生防护标准的施工机械设备和运输工具，确保其废气排放符合国家有关标准，保证上路行驶的机动车尾气完全达标，施工运输避开交通高峰时段，大件或突击运输选择夜间进行，减少污染。

7.1.1.3 控制与减缓工程措施

施工期间应根据修复工艺过程制定防止大气污染的措施，例如抽取可能导致排放超标的污染气体，经过除尘、过滤、吸附等工艺过程处理达标后排放；又如加设挡板、临时围墙或采取全密闭施工方式防治粉尘污染；垃圾和污染土壤的堆放场地应有防止或减少污染物向大气扩散或者扬尘的措施，例如封闭、覆盖、压实、喷水等；尽可能将会产生大气污染的工序安排在大气污染敏感点的下风向；在建筑物内实施污染物清除时，需要有建筑物的通风、除尘、过滤、吸附等措施；车辆驶离施工现场时，必须进行冲洗，不得带泥上路造成扬尘；运送土壤及材料的运输车辆应加盖苫布、篷盖或其他防止撒落措施，车辆不得超载，限制运输车速，保证运输过程中不沿途撒落、不污染大气；精心规划运输车辆的运行路线与时间，尽量避免在繁华区、交通集中区和居民住宅等敏感区行驶，对某些路段，可根据实际情况选择在夜间运输并及时清扫路面；对修复场地内容易引起扬尘的裸露地表定期洒水，控制地表扬尘，洒水次数根据天气情况而定。一般原则是根据天气和施工条件分次喷洒，喷洒的水滴应尽量小；制定减少施工和运行过程中带来的大气污染的操作规程，例如装卸垃圾和被污染土壤时严禁凌空抛撒，及时清运散放的有污染物质，定期维修维护施工机械等；尽可能对修复场地及工程生活区周边进行绿化，针对可能发生的大气污染种类选择适当的种植植物；施工中合理安排工程进度，尽量缩短施工周期。

7.1.2 地表水环境污染

7.1.2.1 地表水环境污染的识别

（1）污染治理工艺废水排放。修复工程往往伴随着污水的产生与工艺处理过程，例如脱水、气液分离、渗滤、混合反应等。如果没有及时收集产生的污水，没有正确处理工艺过程中的废水，如淋洗出的含重金属或其他有害污染物的废液等，则可导致有污染的工艺废水直接外排，从而可能进入并污染地表水体。

如果未达到排放标准的工艺废水直接进入河流等地表水体，可能导致河流等地表水体污染；特别是有些场地污染物在废水排放标准中暂时没有包括，更容易产生处理与排放的矛盾。应用淋洗修复技术时，在地表对抽出的水和污染物溶液进行处理，所产生的废水可能意外流失扩散到周边区域，造成地表水污染。

地下水的污染修复更是涉及产生废水比较多的过程，如脱气、吸附、油水分离、中和、氧化还原、生物降解等，这些过程产生的废水都有可能产生地表水的污染。特别是应用抽提处理的方法进行地下水修复时，如果抽出的地下水未经处理就排放，或者由于处理费用高、难度大等原因没有处理达到合理的排放要求，都可能会对所排放的水体造成污染。

（2）废物或污染土壤堆存期间经雨水淋滤。若将废物或污染土壤堆放在户外地表，经雨水淋滤后，可导致土壤的污染转移扩散到水中，最终可能造成地表水污染。垃圾再利用的过程中废物的堆存可能比较分散，如果废物在再利用的过程中，或者集中堆存期间受到雨水的冲刷，使雨水受到污染，最终可能造成地表水污染。废物及污染土壤堆存过程中若产生渗滤液，在渗滤液处置不当时，有可能造成地表水污染。

（3）废物或污染土壤运输过程中发生遗撒，经雨水冲刷可能造成的地表水环境污染。在大风情况下进行废物与土方装卸或凌空抛撒，可造成物料遗撒，被雨水冲刷后可导致地表水污染。若废物与土方运输车辆采用普通敞开式车厢，可能导致废物或污染土壤在运输过程中意外撒落，撒落的废物或土壤经雨水冲刷后可造成地表水污染。若废物与土方运输车辆速度过快，可能导致在运输过程中意外撒落，撒落的废物或土壤经雨水冲刷后，可造成地表水污染。若废物与土方运输车辆离开现场前轮胎上附着有废物或污染土壤，则废物或污染土壤可能被带出场地，污染物经雨水冲刷后，可造成地表水污染。

（4）废物、污染土壤及化学品在运输途中发生交通事故经雨水冲刷。

（5）设备、工具及器具清洗废水排放可能造成的地表水环境污染。

（6）工作人员生活污水排放可能造成的地表水环境污染。

7.1.2.2 优先预防措施

优先预防措施包括：在可能受到影响的地表水体敏感部位设置水质监测点，定期对水质进行监测，及时发现问题；从工艺设计上尽量减少场地修复过程中产生的废水量和废水中污染物的浓度，制定严格的用水管理制度，节约用水；在修复工艺设计、修复设备的设计和制造过程中采取措施，减少由于操作不当引起的污染排放不达标的可能性；严格控制施工作业的范围，除不可避免的情况，不将敏感的河流、湖泊附近区域作为施工作业区；定期检查与维护施工机械，防止施工机械漏油；施工生活营地不得选择地表水体的污染敏感部位，应优先选择使用已有完善的生活污染控制措施的设施，野外施工营地生活污水处理达标后方可排放。

7.1.2.3 控制与减缓工程措施

控制与减缓工程措施包括：收集和处理场地修复产生的工艺废水，处理后的废水尽量回用到修复过程中，需要外排的废水需经过处理达到排放标准后排放；制定施工与设备运行操作与管理程序，尽量减少由于操作失误带来的地表水环境污染；堆存的固体废物、污染土壤与设备要进行覆盖等防雨及防止雨水冲刷的防护措施，要有渗滤液收集与处理设施；有污染的施工材料或污染土堆放时应远离地表水体，在临时堆放周围应设防护设施，如围栏、防洪沟等；施工中产生的冲洗废水要全部收集起来，经过场地内的废水处理设备处理后尽量在场地内回用，对于需要外排的废水要经过处理达到排放标准后排放；施工中产生的施工人员生活废水要全部收集起来，经过生活废水处理设施处理达标后排放；安全处置施工垃圾和生活垃圾，防止直接排入周边河流和湖泊等地表水体；及时维修施工机械设备和设施，及时收集与处理施工机械维修产生的油污；定期检查与维护排水管道，保持管道的完好与通畅。

7.1.3 固体废物

7.1.3.1 固体废物来源的识别

固体废物的影响识别需要根据相关环境质量标准和排放标准进行，例如《国家危险废物名录》、《生活垃圾填埋场污染控制标准》（GB 16889—2008）、《危险废物焚烧污染控制标准》（GB 18484—2001）、《危险废物贮存污染控制标准》（GB 18597—2001）、《危险废物填埋污染控制标准》（GB 18598—2001）、《一般工业固体废物贮存、处置场污染控制标准》（GB 18599—2001）。

A 污染治理工艺废物

在修复过程中会产生大量的治理工艺过程固体废物，例如垃圾堆体移除过程中的废物、异位修复过程中产生的工艺残余物等。若对此类固体废物存储或处置不当，例如直接堆置在普通的开放型垃圾场，遇大风或干燥天气时，易导致扬尘；或经雨水冲刷后，造成工艺固体废物的二次环境污染。直接将未经无害化处理的污染治理工艺固体废物填埋或倾倒，会导致对周边环境的严重二次污染。在工艺废物的转移过程中，如果产生泄漏会导致二次环境污染。

B　污油及废油

修复工程的各种机械设备在维修时都会产生污油和废油，如果将其直接外排，可导致土壤、地表水和地下水污染。在机械设备的正常运行过程中，由于操作和管理不当，会导致机油或燃油泄漏、喷溅，造成土壤、地表水和地下水污染。

C　废弃化学品

在修复治理过程中会产生各种废弃化学品，例如垃圾综合利用过程中使用的化学品、清除的废旧化学品、污染治理过程产生的废弃化学药剂或溶剂等。如果不妥善处置废弃的化学品，例如由于管理不善使剩余的化学品进入附近的地表水体，或是与其他施工垃圾和生活垃圾混合处理，则会导致对周围环境的二次污染。在废弃化学品的转移过程中，如果运输废弃化学品的车辆超载，或是采用非密封的普通车厢运输，易导致化学品沿路撒落，造成对土壤、空气和水体的二次污染。

D　经过处理后的废物或受污染土壤

经过处理后的废物或土壤只能用于指定的特别范围，若将治理后的受污染土壤用于指定的范围之外，会造成新的人体健康风险。经过处理后的废物或土壤如果进入河流湖泊等地表水体，则可能会对地表水造成污染。若将治理后的废物或受污染土壤任意回填，可造成对土壤结构的破坏，或是对周边土壤环境的扰动和污染。

E　污水处理过程中产生的污泥

若任意弃置污水处理过程中产生的污泥，经雨水冲刷淋滤，则可导致其中污染物流失及渗透，造成对土壤和地表水的污染。任意堆放污水处理过程中产生的污泥，易产生恶臭造成大气污染。若污泥运输车辆采用的是普通非密封式车厢，易导致污泥渗漏，造成对土壤、空气和水体的二次污染。

F　报废的一般设施、设备、工具及器具

若将报废的施工设备和工具任意弃置或未经清洗而与一般生活废物混合处置，设备和工具上附着的废物或污染土壤经过雨水淋滤或大风干燥天气后，易对周边的空气、土壤、水体造成二次污染。

7.1.3.2 优先预防措施

对修复过程中必须产生的固体废物首先要进行减量化、资源化和无害化，做到清洁生产、固体废物综合利用和安全处理；固体废物的运输和装卸是造成废物污染环境的重要环节，要优先制定安全的废弃物运输计划，对施工人员进行严格培训、考核及实行单位与个人的运输操作许可证制度；要预先选用封闭式专用运输车辆或有封闭容器的运输车辆，必要时需把废物按一定方式压实，要防止运输车辆超载；施工中产生的无环境危害的固体废物，如生活垃圾和无污染的建筑垃圾等，需要根据当地的条件和政府规定提交当地有关专业部门处置；固体废物要分类收集、分类堆存，尽量回收可再利用的固体废物；禁止将有污染的固体废物与生活垃圾等固体废物混合堆放与处置。

7.1.3.3 控制与减缓工程措施

不能将有污染的固体废物在河流、湖泊等地表水体及地表水体敏感区域倾倒、填埋或堆存，如果必须实施，则需要采取进一步的固体废物污染治理措施，或者采取固化、封闭等措施直至达到能够防止对地表水体的污染；不能将有污染的固体废物在地下水敏感区域倾倒、填埋或堆存，如果必须实施，则需要采取进一步的固体废物污染治理措施，或采取固化、封闭等措施直至达到能够防止对地下水体的污染；固体废物的暂时堆放要有喷湿、覆盖等防止扬尘的措施，另外还应设置围挡，特别是对于产生异味、恶臭的固体废物要尽量完全覆盖或除臭；固体废物的暂时堆放要有防止雨水冲刷造成固体废物迁移的措施，土壤受到扰动的场地如暂时不用，应尽量培养表面植被，防止水土流失；固体废物的暂时堆放要有防渗措施，特别是对于场地污水处理厂产生的污泥等含水量高的固体要建设渗滤液收集与处理设施；在景观敏感点施工，要采取封闭、覆盖等措施减少施工过程中产生的固体废物对景观的不良影响；废土堆放场地周围应该设截洪沟，保证外部雨水不进入场地；要尽量减少固体废物的堆存和处置时间，减少产生环境污染的风险。

7.1.4 环境管理计划的实施

7.1.4.1 环境管理计划的开展

在场地修复工程项目实施过程中，业主、承包商、工程监理及监测单位等，应记录项目的进展情况、环境管理计划执行情况、环境监测结果等并及时向有关部门报告，目的是确保环境管理计划相关要求和措施得到落实，及时发现问题，分析总结经验，以便使项目实施中的不利环境影响得到进一步有效的控制。

7.1.4.2 环境管理计划的执行报告

在环境管理计划实施过程中，要在重要的节点提交执行与进展报告，报告一般应包括以下主要内容：（1）承包商。应对环境管理计划和措施的执行情况，在报告中作详细记录，并及时向业主汇报提交；（2）环境监测单位。受委托按照监测计划进行监测，对所得数据要作简要解释，说明是否达标、存在问题和不达标现象，分析其原因，并建议整改措施；（3）监理单位。按照工程监理规范的要求提交监理月报或季报，报告中必须包括环境管理计划执行情况的章节。

7.1.4.3 环境管理计划的审核

环境管理计划的执行与成果必须接受阶段性和最终的审核。审核由地方政府环境保护主管部门和项目业主组织进行。环境管理计划的审核结果是承包商获得阶段性付款与最终付款的必要条件。

在项目实施期间，项目承包商、项目监理方和环境监测机构应在修复实施各阶段对环境管理计划的实际执行情况、出现的环境污染事件及处理情况及时向项目业主和当地环境保护主管部门汇报和接受审核。

为了确保有效的审核，必须建立一个完善的环境管理计划执行记录档案，该记录要包括但不限于以下几个方面：项目业主和施工承包人的环境人员配备情况，工程施工期、运营期所采取的各项预防与减缓措施，工程施工所产生的环境影响，环境管理计划培训的执行情况及效果，施工期和运营期环境监测数据，环境扰民事件及处理情况，社会监督情况等。

7.1.4.4 环境管理计划的评估与完善

A 环境管理计划的评估

对场地修复工程环境管理计划进行评估，是为了持续改进与完善环境管理计划。评估主要观察现行的环境管理计划是否能够满足相关环境、职业健康和安全的法律法规、标准的要求，能否满足绿色修复的要求。

环境管理计划的评估可以采用两种方式：一是外部专家评估。即专门聘请与该修复项目无利益关联的专家成立评估小组进行评估，最终形成专家评估意见和改进建议。二是内部评估。由项目经理负责召集与环境管理计划执行有关的部门与人员，通过汇报与讨论当前环境管理计划的执行情况，共同分析存在的问题，总结经验教训，评估执行的效果，提出可行的改进决定供今后遵照执行，并且形成书面环境管理计划评估记录。

评估需要关注两类问题：第一类即是否完整地执行了环境管理计划；第二类是如果完整地执行了现行环境管理计划，执行的效果如何，是否能够达到规定目标。评估的最终成果是形成评估结论、特别是共同遵照执行的环境管理计划改进与调整决议。为了使评估过程具有可追溯性，需要形成完整的评估报告或者评估记录。评估报告或者评估记录一般由项目经理负责，由修复工程项目的环境、职业健康与安全管理部门在其他工程实施部门的协助下完成。

B 环境管理计划的持续改进

根据环境管理计划的评估结论和改进与调整决议，针对当前环境管理计划存在的问题与缺陷，及时增补、修订，或删减相关的环境、职业健康和安全管理的要求和措施，并及时更新环境管理计划的各个相关部分。

更新后的环境管理计划应由场地修复工程项目经理签发，由环境、职业健康和安全管理部门组织负责传达到各个工程施工部门进行落实实施。

为了实现制定环境管理计划的目的，即使修复项目符合环境健康与安全方面的法律法规和标准的要求，并尽可能地减少修复项目对社会、环境和人员安全健康的负面影响，需要在不断的总结实践经验的过程中对环境管理计划持续改进。特别是环境管理计划涉及面广，受到社会、经济、技术和自然条件等各个方面的影响因素众多，因此需要通过动态调整来适应不断发展变化的各种影响因素。

7.2 环境监测和监理

环境监测与监理是指通过监督管理项目的运行、施工等，保证项目符合环境管理计划和相关的法规、技术导则。

7.2.1 前期准备

非正规垃圾填埋场修复项目监理的前期准备工作包括资料收集、环境管理计划的制定、编制环境监理工作方案以及监理工作内容清单与工具准备等。

7.2.1.1 资料收集

针对非正规垃圾填埋场修复项目，环境监理需要收集的资料包括：国家相关的法律法规及技术规范、项目环境影响评价报告（如果有）、环境管理计划、固体废物管理计划、环境监测计划、健康与安全管理、填埋场修复方案与设计，以及国家和地方相关安全管理规范。

通过资料收集，实现如下目标：（1）确定监理工作依据，主要包括工程建设、环保方面的法律、法规、政策，工程建设和环境保护的各种规范、标准，项目环境影响评价报告及审批机关的批复意见，政府批准的建设文件、环境监理委托、合同文件；（2）掌握合同的相关要求；（3）确定工作目标和工作范围；（4）安排好每一个环境健康安全管理人员的责任与任务；（5）确定监理工作的重点。

7.2.1.2 制定环境管理计划

非正规垃圾填埋场项目的修复方法和工作方案确定后，监理单位应该同步制定相应的环境管理计划。该环境管理计划应囊括整个项目各个具体实施环节所应执行的环境保护措施。

同时，监理单位应当协助项目承包商制定环境管理计划的具体实施计划。最后制定好的环境管理计划及其实施计划需要经过业主、环保主管单位、环境监理工程师和承包商共同审核通过。

7.2.1.3 编制监理工作方案

接受委托并与建设单位签订环境监理合同以后，环境监理机构应在项目总监理工程师的主持下，根据监理合同，结合工程的实际情况，在广泛收集工程信息和资料的前提下，编制项目环境监理工作方案。环境监理工作方案是开展环境监理工作的指导文件，也是主管机关对环境监理单位监督管理的依据，同时也是建设单位确认监理单位履行合同的主要依据。环境监理工作方案一般应包括：

（1）工程简介。包括工程项目名称、建设地点、工程项目组成及规模、工程总投资、环保投资、工程工期计划、工程设计单位、施工单位和其他监理单位。

（2）监理工作依据。主要是工程建设、环保方面的法律、法规、政策；工程建设和环境保护的各种规范、标准；项目环境影响评价报告及审批机关的批复意见；政府批准的建设文件、环境监理委托、合同文件；关于修复项目的特别要求。

（3）监理工作目标。明确指出施工目标、措施及具体要求，并保证其落实。

（4）监理工作范围。工程环境监理单位所承担的环境监理任务的工程范围，如果承担全部工程项目的环境监理任务，监理范围为全部建设工程；否则应按标段或子项目划分确定的监理工作范围。

（5）监理工作制度。包括工作记录制度、报告制度、函件往来制度以及与承包商的工地例会时间安排。

（6）确定整个项目环境监理工作的重点工作内容。

（7）工程资料审核要求。

（8）监理报告的格式、结构、注意问题以及监理报告的提交。

（9）随着项目的进行，监理工作方案应根据业主、环保主管单位和驻地环保工程师的意见和建议每月进行更新修订。

7.2.1.4 制定监理工作检查清单

在项目环境监理的工作目标、工作范围、工作方案等确定下来之后，监理单位需制定监理工作清单，以确保监理工作的有序顺利进行。工作清单的制定一般要起到以下提醒功能：（1）监理工作满足监理目标要求、覆盖规定的工作范围；（2）通常的程序没有覆盖到的重要问题；（3）客观事实记录；（4）现场监理过程中对问题的发现、提问与回复记录；（5）准确地报告工程监理巡视检查、对问题的处理意见等工作；（6）记录监理过程文件。

监理工作清单一般在项目开始实施之前制定好，但是随着项目的进行可以随时进行调整修订以利于工作更加有效地开展。

7.2.2 监理过程

项目实施前需要明确各部门、各单位的责任与任务，确保项目环境管理计划的落实，保证项目的顺利进行，如图 7-2 所示。项目主管单位是项目的总负责人；驻地环保工程师则是受承包商委托监督整个项目环境管理计划的落实；此外，项目主管部门还应委托一个独立的第三方环境监理单位来监督项目环保工作实施。

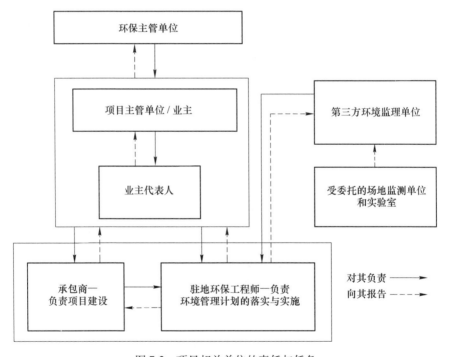

图 7-2 项目相关单位的责任与任务

7.2.2.1 驻地环保工程师工作内容

一般来说，承包商需要监测其项目建设行为所带来的环境影响，以确定项目的环保措施得到有效实施，通常委托驻地环保工程师来开展此项工作，以保证其项目的整个实施过程符合环境管理计划以及国家的相关规定，有效地控制项目产生污染。

驻地环保工程师应对项目现场的修复工作进行实时巡视，并做巡视工作记录；重点描述现场环境保护工作的巡视检查情况，如粉尘、噪声、固体废弃物等产生情况及控制措施，必要时需留下影像记录。

当驻地环保工程师在现场检查过程中发现环境问题时，应首先通知施工方改正，并告知现场工作负责人。当通知无效或仍有污染隐患时，驻地环保工程师应将情况报告第三方环境监理单位和业主，环境监理单位签发《环境整改通知单》要求整改，或者发布《环境不符合项通知单》要求改善工作。

7.2.2.2 第三方环境监理单位工作内容

一般来说，非正规垃圾填埋场修复项目的监理审核工作至少一周一次，审核工作一般由环保监理工程师完成，有时承包商也参加共同审核。

A 启动会议

首先，应召集监理单位工作人员与现场工作人员开一次启动会议，一方面让双方彼此认识对方；另一方面，项目总监理工程师需向现场工作人员介绍环境监理工作的目的和主要内容、项目相关的技术要求和安全规范，同时明确监理总结会议的时间、双方的联系方式等。

B 监理工作记录

监理工程师应进行文件收集、现场巡视、与现场工作人员交流等工作并做详细工作记录，进行评估以确定项目实施过程是否符合环境管理计划。

环境监理单位还应当审核项目目前所做的环境监测方案是否合理，且能够有效保证本项目环境管理计划和控制措施的正确落实。针对非正规垃圾填埋修复项目，监理单位重点应该关注土壤开挖、废弃物管理和操作过程中可能产生的填埋气排放问题，以确保各项指标都能够满足国家的相关规定。

对审核过程中发现的不满足审核规范的问题以及采取的解决方案都需要以书面形式整理成报告，并与承包商代表交流，交流过程产生的相关的意见和建议也应整理进入报告。

C 总结会议

在最终的项目环境监理报告完成之前，项目环境监理单位需召开一次监理工作总结会议，向所有相关的项目管理人员介绍整个项目监理实施过程发现的问题与初步结果。对于一些重大影响或是不确定的问题，相关管理人员提出的修正意见或建议也应整理记录到报告中。

D 环境监理报告

每周的监理工作之后，都需要根据监理工作记录，遵循客观、清晰、严谨的原则，编制监理周报。以监理周报为依据，还需编制环境监理月报、季度报告及监理总结报告。监理月报需每月报送项目管理单位或业主；季度报告需按期报送给业主，同时抄送给承包商和环境保护行政主管部门。

环境监理月报应至少包括以下内容：现场巡视工作记录、发现的环境问题以及采取的修正措施，下一个月将要进行的人员培训安排。环境监理月报和季度报告的标准模板应在整个修复项目开始之前制定完成。

E　跟踪审查

环境监理的工作意义在于能够及时发现修复项目中产生或可能产生的环境问题，及时提出解决方案，将项目可能造成的环境问题和工程损失程度减小到最低。但是环境监理并不对解决方案是否实施负有责任。环境监理的责任在于：(1) 发现问题，提出解决方案；(2) 跟踪监测，证实解决方案是否得到落实及落实后对不利环境影响消减的有效性。

7.2.3　非正规填埋场修复后的环境与安全监测

7.2.3.1　环境与安全监测计划

应根据修复后场内遗留污染物的情况确定修复完成后的环境与安全监测计划（简称后监测计划）。如果已经将垃圾完全迁移，而且场地的土壤和地下水已经得到修复，则根据土壤和地下水修复有关规定确定后监测计划；如果场内仍然有剩余的垃圾填埋物，则根据生活垃圾填埋场的封场后监测有关规定确定对堆体部分的后监测计划；如果场内仍然有遗留的土壤和地下水污染，则根据对土壤和地下水的处置方式确定后监测计划。

7.2.3.2　监测设施

对修复工程遗留的设施进行调查评估，对完好的设施保留利用，对有缺陷的设施进行改造。如无环境与安全监测设施的修复场地，应设置后监测设施。

后监测设施应包括土壤、地下水、地表水、废水排放、气体集中排放、场区及场界大气等监测设施。

垃圾堆体边界外附近建筑物室内和填埋气体处理利用车间内应设置甲烷的监测设施，填埋气体抽气设备进气管上应设置含氧量监测设施。

7.2.3.3　环境监测

后监测应包括对地下水、地表水、场区大气和填埋场水位进行定期监测，监测频率不宜小于 2 次/年。各项监测指标不宜少于 2 项。

剩余垃圾堆体部分有渗滤液处理设施的，应对排放渗滤液主要污染物和排放水量进行连续监测。垃圾渗滤液直接排入城市污水管网或污水处理厂的，应对排放水量进行连续监测，对主要污染物浓度进行定期监测。

剩余堆体填埋气体直接排入大气的，应定期监测填埋气体的成分。

地下水的监测要包括主要的污染影响含水层，根据含水层的性质与位置建立合适的永久性监测井。监测指标要包括修复工程中的主要污染物指标。监测井的位置要考虑包括地下水流场的场地上游监测井、场地侧翼监测井、场地下游监测井、场地监测井和敏感位置监测井。

在修复完成后 5 年内，监测频率不宜小于 2 次/年，分别在高水位和低水位期进行监测；在修复完成后 5 年后，监测频率不宜小于 1 次/年。

对于采用封闭的方法处置的填埋场地，应该定期进行土壤的监测。监测指标要包括有关主要无机污染物、挥发性有机污染物和半挥发性有机污染物以及重金属。监测位置应该包括可能主要影响的区域。在修复完成后 10 年内，监测频率不宜小于 1 次/年；在修复完成后 10 年后，监测频率每两年不宜小于 1 次。

7.2.3.4 安全监测

剩余垃圾堆体边界外存在地下填埋气体迁移现象的，在气体迁移的一侧应设置填埋气体迁移监测井，监测井的设计应符合图7-3的要求。其中有关尺寸和参数为：（1）深度 H 不应小于填埋垃圾深度的 80%，应在地下水位之上 0.3~0.5m；（2）空腔高度 h_1 宜为 0.2m，以能满足集气管阀的安装操作为准；（3）混凝土隔离层厚度 h_2 宜为 0.3m，以能够阻隔填埋气体逸出为准；（4）集气管底部距填埋层底部的距离 h_3 宜为 0.5m，以能够收集到接近底部的填埋气体为准；（5）上部集气管管底距地面高度 h_4 可取监测井深度的 1/2；（6）监测井直径 ϕ 不应小于 150mm。

填埋气体抽气设备前的进气管道上应设置氧含量监测报警设备。在下列地点和情况应设置甲烷监测报警设备：（1）气体地下迁移一侧 20m 范围内的建筑物地下室和一层房间内；（2）填埋气体输送管道经过的房间；（3）填埋气体利用车间内。

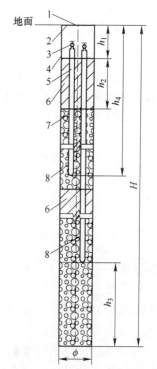

图 7-3　气体迁移监测井结构

1—ϕ10mm 孔；2—井盖；

3—带渐缩短管的旋塞阀；

4—管式井头；5—集气管（直径 15mm）；

6—混凝土隔离层；7—ϕ10~20mm 碎石；

8—集气管下部开孔

7.3 修复工程验收

污染场地修复验收工作程序包括文件审核与现场勘察、采样布点方案制定、现场采样与实验室检测、修复效果评价、验收报告编制五个步骤，流程如图 7-4 所示。

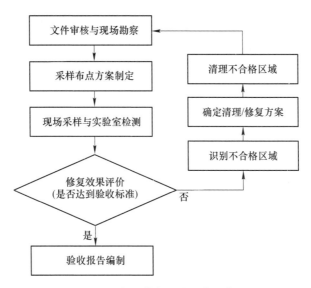

图 7-4 场地修复验收工作程序

7.3.1 文件审核

在验收工作开展之前，应收集与场地环境污染和修复相关的资料，主要包括：

（1）场地环境评价及修复方案相关文件。场地环境评价报告书及审批意见、经备案的修复方案以及有关行政文件。

（2）场地修复工程资料。修复实施过程的记录文件（如污染土壤清挖和运输记录）、回填土运输记录、修复设施运行记录、二次污染排放记录、修复工程竣工报告等。

（3）工程监理文件。工程或环境监理记录和监理报告。

（4）其他文件。环境管理组织机构、相关合同协议（如委托处理污染土壤的相关文件和合同）、修复过程的原始记录等。

（5）相关图件。场地地理位置示意图、总平面布置图、修复范围图、污染修复工艺流程图、修复过程照片和影像记录等。

同时，也要收集垃圾填埋场（包括垃圾堆体及周边土壤与地下水）勘查与风险评价、详细勘查和治理工程相关的资料，包括但不限于以下内容：垃圾填埋场勘查与风险评价报告、垃圾填埋场详细勘查报告；垃圾填埋场治理工程竣工验收资料，包括施工总平面布置图、开挖与回填区域施工图及剖面图、测绘成果、治理工程核验表、治理过程照片及录像等影像资料；工程监理文件，包括监理日志、工程量确认单等；其他文件，包括相关合同协议，如施工合同、监理合同、测绘合同等。

对收集的资料进行整理和分析，并通过与现场负责人、修复实施人员、监理人员等相关人员进行访谈，明确以下内容：

（1）根据场地环境评价报告、修复方案及相关行政文件，确定场地的目标污染物、修复范围和修复目标，作为验收依据。

（2）通过审查场地修复过程监理记录和监测数据，核实修复方案和环保措施的落实情况。

（3）通过审查相关运输清单和接收函件，核实污染土壤的数量和去向。

（4）通过审查相关文件和检测数据，核实异位修复完成后的回填土的数量和质量，回填土土壤质量应达到修复目标值。

7.3.2 现场勘察

（1）核定修复范围。根据垃圾填埋场与风险评价资料、场地环境评价报告中的钉桩资料或地理坐标等，勘察确定场地修复范围和深度，核实修复范围是否符合场地修复方案的要求。

（2）识别现场遗留污染。应对场地表层土壤及侧面裸露土壤状况、遗留物品等进行观察和判断，可使用便携式测试仪器进行现场测试，辅以目视、嗅觉等方法，识别现场污染痕迹，判别恶臭及垃圾填埋痕迹等。

7.3.3 采样布点方案制定

根据目标污染物、修复目标值的不同情况在场地修复范围内进行分区采样；采样点的位置和深度应覆盖场地修复范围及其边缘；场地环境评价确定的污染最重区域，必须进行采样。

采样计划应至少包括以下内容：调查目的，采样目的，关于场地污染和修复的信息，采样形式与策略，现场筛查和监测，采样点的位置、深度、数量和类型，采样方法，质量保证和质量控制，无害化工作流程，样品的处理和保存，样品的运输和保存时间，实验室联系方式。

7.3.3.1 垃圾堆体采样计划

A 勘测方案制定

勘探点布置应根据填埋场面积、勘探实施条件等综合确定，且满足技术、经济性最优的原则。填埋场勘探点的数量与垃圾堆体初步调查采样点布设应基本一致，勘探点布置方式应采用梅花型且尽可能覆盖全部治理范围，当风险评价阶段有勘探资料时，勘探点宜结合风险评价阶段的勘探点位布置。勘探深度要求钻遇天然土层，且厚度不小于 50cm。对揭露生活垃圾或混合垃圾的勘探孔均采取垃圾样。对揭露生活垃圾或混合垃圾的勘探孔均应进行填埋气体成分与含量检测。

B　勘探、采样、检测技术要求

对勘探过程中揭露的岩土进行描述和记录，钻探记录要求对各垃圾土的命名与描述要准确翔实，区分生活垃圾、建筑渣土和混合垃圾，并对含有物成分、大小、重量百分比进行详细描述；对天然土层的命名与描述要符合《岩土工程勘察规范》（GB 50021—2001）规定。按照《城市生活垃圾采样和物理分析方法》（CJ/T 3039—95）中的相关规定，在揭露生活垃圾、混合垃圾的勘探孔内采取垃圾样品。对钻遇水的勘探孔，现场测量静止水位。勘探孔完成后，应提取部分套管且封闭管口，将填埋气检测仪的集气管插入孔内进行含量测试并进行记录。

7.3.3.2　土壤采样计划

对于异位修复场地，应对修复范围内部和边缘的原址土进行采样，采样点位于坑底和侧壁，以表层样为主，不排除深层采样。

A　坑底和回填土的采样布点要求

坑底表层土和回填土采样通常采用网格布点的方法，采样数量不少于表 7-1 所列的数目。一般随机布置第一个采样点，构建通过此点的网格，在每个网格交叉点采样。网格大小和形状根据采样面积和采样数量确定。

表 7-1　土壤采样布点-底部采样数量

采样区域面积/m²	土壤采样点数目/个
$x < 100$	1
$100 \leqslant x < 500$	2
$500 \leqslant x < 1000$	3
$1000 \leqslant x < 1500$	4
$1500 \leqslant x < 2500$	5
$2500 \leqslant x < 5000$	6
$5000 \leqslant x < 10000$	7
$10000 \leqslant x < 25000$	8
$25000 \leqslant x < 50000$	9
$50000 \leqslant x < 100000$	10
$\geqslant 100000$	20

B 侧壁采样布点要求

修复范围侧壁采用等距离布点方法，根据边长确定采样点数量。当修复深度不大于1m时，侧壁不进行垂向分层采样，横向采样点数量不少于表7-2中规定的数量。当修复深度大于1m时，侧壁应进行垂向分层采样，第一层为表层土（0~0.2m），0.2m以下每1~3m分一层，不足1m时与上一层合并。各层横向采样点数量不少于表7-2中规定的数量。各层采样点之间垂向距离不小于1m，采样点位置可依据土壤异常气味和颜色、并结合场地污染状况确定。

表7-2 土壤采样布点一侧壁采样数量

采样区域周长/m	土壤采样点数目/个
<100	4
100≤x<200	5
200≤x<300	6
300≤x<500	7
≥500	8

7.3.3.3 地下水采样计划

应依据地下水流向及污染区域地理位置设置地下水监测井，修复范围上游地下水采样点不少于1个，修复范围内采样点不少于3个，修复范围下游采样点不少于2个。

由于地下水监测井建井较为烦琐，并有可能对地下水造成扰动，因此规定原则上可以利用场地评价和修复时的监测井，但原监测井的使用数量不应超过验收时总监测井数的60%。

未通过验收前，被验收方应尽量保持场地评价和修复过程中使用的地下水监测井完好。监测井的设置技术要求与第二阶段现场采样相同。

7.3.3.4 现场采样和实验室分析

土壤样品和地下水样品的采样方法、现场质量控制、现场质量保证、样品的保存与运输方法、样品分析方法、实验室质量控制、现场人员防护和现场污染应急处理等参见2.1.3.4 现场采样。

按照《城市生活垃圾采样和物理分析方法》（CJ/T 3039—95）中的相关规定，测定垃圾样品的物理成分（灰土、砖瓦、纸类、塑料橡胶、织物、玻璃、金属、木竹）。垃圾成分检测分析应由具有相应资质的专业实验室承担。

7.3.4 修复效果评价

修复验收时，除了进行严密的采样和实验室检测之外，还需要对检测数据进行合理的分析，以确定场地污染物是否达到修复标准。有两种比较常用的评价方法：（1）逐个对比方法；（2）t 检验方法。

逐个对比方法适用于面积小于或等于 10000m^2 的区域。采用逐个对比方法时，当检测值低于或等于修复目标值时，达到验收标准；当检测值高于修复目标值时，未达到验收标准。

然而，该结论的准确性很可能会受到实验室化验误差或现场采样误差的影响。t 检验方法通过采集平行样能够尽可能排除实验室或现场误差。采用 t 检验方法时，当各样本点的检测值显著低于修复目标值或与修复目标值差异不显著时，达到验收标准；当某样本点的检测值显著高于修复目标值时，未达到验收标准。

针对垃圾堆体，当勘探孔均未揭露生活垃圾或混合垃圾，且垃圾填埋场治理工程相关资料与勘探成果相符时，可确认垃圾填埋场达到治理目标；当勘探孔揭露有生活垃圾或混合垃圾，且生活垃圾和混合垃圾中的生活垃圾成分（塑料橡胶、织物、纸类、金属、玻璃和木竹）重量百分比小于 1% 时，可确认垃圾填埋场基本达到治理目标；当勘探孔揭露有生活垃圾或混合垃圾，且垃圾中塑料橡胶、织物、纸类、金属、玻璃和木竹等生活垃圾成分重量百分比大于等于 1% 时，则认为垃圾填埋场未到达治理目标，需进一步治理。可综合勘探、试验工作成果，按上述治理标准进行垃圾堆体治理效果评价。

7.3.5 编制验收报告

场地修复验收报告内容应真实、全面。验收报告应至少包括以下内容：场地环境评价结论概述、修复方案实施情况、验收工作程序与方法、文件审核与现场勘察、采样布点计划、现场采样、实验室检测、修复效果评价、验收结论和建议、监理报告和检测报告。

针对垃圾堆体的修复验收报告应包括如下内容：项目概述，包括治理相关工作概述及工作量布置与完成情况概述；现状调查及检测成果；修复效果评价；验收结论与建议。

7.3.6 施工验收及要求

工程施工验收包括对施工现场质量管理、施工质量控制、施工安全控制及施工质量验收。

施工现场质量管理应有相应的施工技术标准、健全的质量管理体系、施工质量检验制度和综合施工质量水平评定考核制度。

采用的主要材料、半成品、成品、构配件、器具和设备应进行现场验收，凡涉及安全、功能的有关产品，应按各专业工程质量验收规范规定进行复验，并应经监理工程师检查（建设单位技术负责人）认可。

各工序应按施工技术标准进行质量控制，每道工序完成后，应进行检查。治理工程实施工程中应该记录监测数据，并系统地传递到有关部门。

验收时应有施工人员安全培训文件、施工现场封闭管理文件、施工安全检查制度文件、施工安全例会、劳动保护制度文件，以及明显事故隐患的排查文件和事故调查处理制度等。

施工质量应符合相关专业验收规范的规定；符合设计文件的要求，达到治理目标；参加工程施工质量验收的各方人员应具备规定的资格；工程质量的验收均应在施工单位自行检查评定的基础上进行；隐蔽工程在隐蔽前应由施工单位通知有关单位进行验收，并形成验收文件。

抽气输氧治理工程的验收主要是检查施工前和施工过程中的质量控制文件等是否齐备，检查日常监测和参数调整记录以及治理效果自评表。进行垃圾体污染控制的地下连续墙工程质量检查和验收时，主控项目包括水泥、沙等原材料及外掺剂质量；泥浆性能及沉渣厚度；混凝土配合比；墙体连续性检查；防渗系数等检控项目。一般项目包括施工墙体轴线符合性，顶标高、墙底标高及墙体深度，墙体垂直度，墙体厚度，墙体搭接等。

修复后场地的再利用开发

8.1 概述

近年来，我国城市化进程加快，城市中心地带的土地容量已趋近饱和，新的发展机遇大多由城市中心区向外转移，城市都市圈逐渐向城市郊区扩张。城郊地块也因此进入价值快速上升期。城市废弃垃圾填埋场原本远离城市都市圈，对城市发展的影响力较小，随着当前城郊地块价值凸显，此类废弃地块的价值大大提升。通过合理有效的手段将这类废弃地转换成可为城市发展所用、可为社会所享的新空间将会大大提高土地利用率，更好地实践变废为宝、资源循环的可持续发展路线。

20世纪80年代，欧美国家开始广泛关注城市废弃地包括废弃生活垃圾填埋场的改造再利用，如美国政府颁布了一系列与城市废弃地改造再利用相关的法案。20世纪90年代景观生态学的思想开始渗透到城市废弃地的改造再利用中，为城市废弃地的改造再利用打开了新思路，许多国家（如美国、加拿大、德国、澳大利亚、日本及东欧的一些国家）先后制定了相关的法律和法规来约束生产活动对土地的破坏，以法律形式保障城市废弃地的生态恢复工作顺利进行。为了解决垃圾填埋场的占地问题并兼顾城市美观，垃圾填埋场在封场后常常被建议开发成公园、高尔夫球场、娱乐场所、植物园、作物种植，甚至商用设施用地。

我国在废弃生活垃圾填埋场的改造再利用领域要晚于国外发达国家，缺乏完善的法律制度、行业标准和实践经验。近年来，随着我国进入生活垃圾填埋场的封场高速期，大量废弃生活垃圾填埋场亟须妥善处理。鉴于此，国家及地方也纷纷出台相关法规、标准和规范，对填埋场的封场和封场后的土地利用提出要求。住建部等联合印发的《关于开展存量生活垃圾治理工作的通知》，要求各地认真组织开展辖区内存量垃圾场普查工作，并对存量垃圾场进行高、中、低三个档次风险等级评估；对于卫生填埋场，也要求在达到设计使用年限后，各地均要按计划进入封场阶段。《生活垃圾无害化处理设施建设"十三五"规划大纲》治理任务中明确要求开展存量治理任务，并要求对封场的能力和规模提出明确指标。

非正规生活垃圾堆放点的治理，应结合不同类型堆放场的规模、设施状况、场址地质构造、周边环境条件、修复后用途等特点，因地制宜制定处理方案，对堆体整形、填埋气收集与处理、封场覆盖、地表水控制、渗滤液收集处理和其他附属工程等制定明确的治理方案。对于环境敏感的地区，可采取鼓气通风、抽气、洒水等好氧填埋技术促进已填埋垃圾快速降解。在垃圾填埋量大、具有开发价值、土地资源紧缺或具有焚烧设施的地区，可对填埋场内的垃圾实施开发利用，对其中的金属等可再生资源进行回收利用，富含养分的筛下物可做绿化用土，高热值垃圾可进行焚烧处理，大粒径无机物垃圾进行回填。

我国生活垃圾填埋场土地利用大多采用封场后原址复绿的模式，如图 8-1 所示，即对原有生活垃圾填埋场进行场地复绿，运用垃圾填埋场原位无害化治理的措施和技术，控制场地的污染物，实行生态恢复，如作为农业用地或林业用地，以及景观化改造。其中农业用地和林业用地更侧重场地的经济效益，并且农业用地还要考虑到食品安全问题；而景观化改造则同时具有生态效益、环境效益、社会效益等更为综合的多方面的作用。不同的垃圾填埋场自身条件、周边环境、社会环境各不相同，不同的封场途径也各有利弊，应根据填埋场自身的情况，选择最适合自身发展的建设途径。

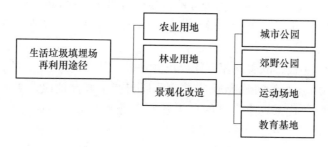

图 8-1　生活垃圾填埋场再利用途径

8.2　场地再利用方式

废弃生活垃圾填埋场土地再利用的主要模式归纳为农林用地（E2）、绿地类（G）、商业服务设施类（B）、工业用地（M）。

8.2.1　农林类（E2）模式

废弃生活垃圾填埋场的农林类土地再利用模式是指对生活垃圾填埋场进行封场和相应的治理，在达到相关标准后，将其作为耕地、园地、林地、牧草地等农林类用地的模式。

不同国家对废弃生活垃圾填埋场的农林类土地再利用模式有不同的要求，我国《生活垃圾填埋场稳定化场地利用技术要求》（GB/T 25170—2010）对该类土地再利用模式的要求是：（1）封场年限≥3 年；（2）填埋物有机质含量<20%；（3）地表水水质满足 GB 3838 相关要求；（4）堆体中填埋气体不影响植物生长，且甲烷浓度≤5%；（5）植被恢复属于初期阶段。该技术要求认为废弃生活填埋场农林类土地再利用模式属于低度利用。

废弃生活垃圾填埋场土地再利用的农林类模式对垃圾填埋场的稳定化程度要求较低、前期投资较少，但无法满足市民对户外休闲空间的需求，适宜于位于城市远郊且周边居民较少的废弃生活垃圾填埋场使用。

8.2.2　绿地类（G）模式

废弃生活垃圾填埋场的绿地类土地再利用模式是指将废弃生活垃圾填埋场经过封场和生态修复工程，达到相应稳定化程度后，将其改造为公园绿地等形式等绿地类用地。根据我国《城市用地分类与规划建设用地标准》（GB 50137—2011）和《建设部城市绿地分类标准》（CJJ/T 850—2001），可将现有的国内外废弃生活垃圾填埋场的绿地类土地再利用案例细分为综合公园（G11）、专类公园类（G12）。根据《生活垃圾填埋场稳定化场地利用技术要求》（GB/T 25179—2010），我国对此类土地再利用模式的要求是：（1）封场年限>5 年；（2）填埋场有机质含量较低，且<16%；（3）地表水水质满足 GB 3838 相关要求；（4）甲烷浓度 5%~1%；（5）堆体沉降满足 10~30cm/a；（6）植物恢复处于中期。该技术要求认为废弃生活填埋场绿地类土地再利用模式属于中度利用。

废弃生活垃圾填埋场的绿地类土地再利用模式主要为公园绿地形式，其特点是对场地安全性和稳定化程度的要求较高、前期投入较大，但市民使用率高、社会效益显著、环境效益好，适宜于交通可达性强、周边人口较密集的废弃生活垃圾填埋场使用。

8.2.3　商业服务设施类（B）模式

现有废弃生活垃圾填埋场的商业服务设施类土地再利用模式是指在生活垃圾填埋场完成封场且达到相应法规要求后，将地块改建为各类商业商务用地和娱乐康体用地。在这类废弃生活垃圾填埋场土地再利用模式中，对构筑物数量需求较少的康体用地（B32）中的高尔夫球场是主要的土地再利用模式。

废弃生活垃圾填埋场土地再利用的商业服务设施类模式主要以改建为构筑物较少的高尔夫球场为主。这类土地再利用模式会使政府对场内环境监管的难度增大。2014 年初，深圳玉龙坑高尔夫精英练球场就被爆出经营方违法扩大经营面积，擅自向园内运送大量渣土，造成园区环境严重破坏；同时对垃圾堆体边坡的稳定性产生巨大的威胁。因此对经营者的自觉性和政府的长期监管都提出了更高的要求。废弃生活垃圾填埋场土地再利用的商业服务设施类模式的特点是对填埋场安全性要求高、前期投资大、环境监管难度大、服务对象群特定、以盈利为主要目的。

8.2.4　工业用地类（M）模式

废弃生活垃圾填埋场的工业用地类土地再利用模式是指在填埋场封场并达到

相关规定后，将其改造为工矿企业的生产车间、库房及其附属等用地。

根据《生活垃圾填埋场稳定化场地利用技术要求》（GB/T 25179—2010）。我国对此类土地再利用模式的要求是：（1）封场年限≥10年；（2）填埋物有机质含量<9%；（3）地表水水质满足 GB 3838 相关规定；（4）堆体中甲烷浓度<1%；（5）堆体中二氧化碳浓度<1.5%；（6）堆体沉降在 1~5cm/a；（7）植被恢复属于恢复后期。该技术要求认为对废弃生活垃圾填埋场采取工业类土地再利用模式属于高度利用。

废弃生活垃圾填埋场的工业类土地再利用模式要求填埋场封场年限长，对场地稳定性和安全性要求高、前期投入大，同时再利用后的场地需要远离居住区和城市中心区，适宜于预算充足、填埋场达到高度稳定化、填埋场位于工业区或城市郊区的项目使用。

8.3 影响因素

本书将废弃生活垃圾填埋场从封场到土地再利用的过程看作一个整体，从区域因素和非区域因素这两方面着手，对废弃生活垃圾填埋场土地再利用的影响因素进行提炼并分析。

非区域因素是指地块普遍存在的某些要素，这些要素不随空间的移动而改变，具有普遍性，其他同类的地块也具备这些要素；区域因素指某一地块特有的要素，这些要素因为地块所在的空间不同而发生改变，具有唯一性。区域要素具有不可流动性、唯一性、排他性以及动态性等特征。本书讨论的区域既包含生活填埋场本身，也包含其周边。从辩证法的角度看，所有的要素都处于动态变化中。因此非区域因素和区域因素也是一对相对存在的概念，它们之间的划分标准并不是唯一的，没有严格的非区域因素，也不存在严格的区域因素。

对非区域因素和区域因素的划分以服务研究内容为宗旨，以废弃垃圾填埋场地块的普遍性特征和不同废弃生活垃圾填埋场的个体特征为划分标准，将这类地块普遍存在的地块污染、地块改造再利用通用的转化过程视为非区域因素；将不同废弃生活垃圾填埋的地块本体差异、区位差异视为区域因素。

8.3.1 非区域因素

影响废弃生活垃圾填埋场土地再利用的非区域因素主要有地块污染和地块改造再利用的转化过程。

8.3.1.1 地块污染

生活垃圾填埋场在垃圾降解过程中产生的副产物主要是渗滤液和填埋气体（LFG）。这两种副产物由许多复杂的成分构成，是生活垃圾填埋场造成环境污染的主要因素。

A 渗滤液

一方面，垃圾进入填埋场后在压实工序的作用下，垃圾中的原有的水分被挤压出来；另一方面，垃圾在微生物的发酵作用下产生新的水分。垃圾中原有的水分、发酵反应产生的水分以及场内的雨水、地表水和地下水经过垃圾层后渗出的水称作渗滤液。渗滤液的成分相当复杂，通常含有大量的有机污染物、高浓度的重金属和植物性营养物。渗滤液对环境的污染主要体现在对地表水和地下水的污染。1977 年，美国学者对全国范围内 1850 个垃圾填埋场周边的地下水进行检测，发现有 50% 的垃圾填埋场的场址所在地或其周边的地下水存在污染。2005 年，调查发现北京某一垃圾填埋场方圆 $5.5km^2$ 的地下水受到了污染。

B 填埋气体

填埋气体是垃圾分解产生的另一大副产物，产生于垃圾的好氧分解以及厌氧分解过程，主要构成成分为甲烷、二氧化碳和微量气体。

填埋气体对环境产生的危害包括甲烷迁移累积引起的爆炸危险、甲烷和二氧化碳引起的温室效应和由微量气体引起的恶臭污染。

a 甲烷迁移累积——爆炸风险

垃圾在生活垃圾填埋场的堆置过程中会无序地散发甲烷。甲烷会产生迁移和累积，在浓度含量累积到 5%～15% 时，极有可能发生爆炸，对场区和周边的居民安全造成巨大隐患。

b 温室效应

填埋气体中含有的大量甲烷和二氧化碳是《京都议定书》中明确要求控制其排放量的温室气体。

c 恶臭污染

生活垃圾填埋场的场区和周边地区常常出现恶臭现象，高温高湿天气下这种现象更为突出。恶臭污染来源于生活垃圾填埋场产生的填埋气体中的微量气体。这些气体的组成主要包括六大类：无机化合物（如硫化氢和氨）、含硫化合物（如二硫化碳和硫醇）、芳香烃、饱和烃和非饱和烃、卤代物及其他化合物。通过对土耳其某垃圾填埋场的微量气体进行收集和分析，检测到 53 种物质，其中包括含硫和含氮化合物、卤代烃、醛类、酯类等物质。对广州某填埋场填埋气体进行的检测发现，在夏季该填埋场微量气体有 60 种，在冬季该填埋场微量气体有 38 种。徐捷等对上海某垃圾填埋场填埋气体进行检测，发现了 59 种微量气体，包括氯代烃、酯类等。

尽管微量气体在填埋气体中所占比例极小，但其对人体和环境的巨大危害却不容忽视。一方面，人长期暴露于这类气体或偶然暴露于高浓度的这类气体中，其健康会受到严重损害；另一方面，填埋气体产生的恶臭使生活垃圾填埋场及其周边的环境受到恶劣的影响，让填埋场周边的居民苦不堪言。

8.3.1.2 地块改造再利用

生活垃圾填埋场从废弃到土地再利用的一般性过程为：封场—垃圾填埋场稳定化—土地再利用。

A 封场

当生活垃圾填埋场作业至设计高度或无法再接纳新的垃圾时，必须实施封场工程。封场工程属于填埋场工程的一部分，是实现填埋场修复和土地再利用的前提条件。根据我国《生活垃圾卫生填埋场封场技术规程》规定，填埋场封场工程应包含地表径流、排水、防渗、渗滤液收集、填埋气体收集、堆体稳定、植被类型及覆盖等内容。封场工程是一个含有众多系统和子工程的综合性工程，在实际封场工程中，封场工程的主题一般包括：垃圾堆体整形工程、终场覆盖系统、填埋气体收集处理系统、渗滤液收集处理系统、雨水导排与防渗漏工程、生态修复工程等。封场工程配套工程包括：作业道路、备料设施、供配电设施、生活和管理设施、设备维修、效仿和安全卫生设备、环境监测设施等。

封场工程的主要目的有：（1）收集填埋气体。防止填埋气体中甲烷等易爆炸气体的迁移和扩散，防止填埋气体中引起恶臭污染的微量气体的扩散，保护填埋场及其周边环境的安全，维护良好的生态环境，避免产生爆炸、蚊蝇滋生、恶臭蔓延的现象。（2）利用填埋气体。将填埋气体中的甲烷一类的可燃气体进行收集，用以燃烧发电，实现能源的再利用。（3）防渗漏。防止雨水和地表水从地表渗入垃圾堆体中，加快渗滤液的产生，保护地下水水质。（4）渗滤液收集。防止渗漏液污染地下水。（5）生态修复。修复废弃垃圾填埋场的生态环境，为地块的再利用提供先决条件。在封场工程中，终场覆盖系统和生态修复工程与废弃生活垃圾填埋场的土地再利用密切相关。

a 终场覆盖系统

终场覆盖系统在封场工程中占有重要地位。终场覆盖系统是在垃圾堆体工程完成后，于垃圾堆体上铺设的一系列层状工程结构的总称。这些工程结构分层铺设，每层功能各异，其通过隔离垃圾堆体，来达到防止填埋气体进入大气、防止雨水和地表水进入垃圾堆体、固定垃圾堆体的目的。终场覆盖系统可以有效地保护场内及周边环境，为封场后的填埋场稳定化提供一个相对可控的空间，为废弃生活垃圾填埋场的土地再利用创造基础。各国对终场覆盖系统的标准化存在差异，对每层的要求和命名也有所不同，但总体来说中终场覆盖系统的整体结构性差异不大，层级的功能分布相似。在我国，根据《生活垃圾卫生填埋场封场技术规程》规定，终场覆盖系统从垃圾堆体表层到顶层表层表面的结构有排气层、防渗层、排水层和植物层。

b　生态修复工程

生态修复工程通常在终场覆盖完成后进行，目的在于使废弃生活垃圾填埋场的生态系统基本恢复到未被干扰之前的状态，达到可以被再次利用的程度，是废弃生活垃圾填埋场地块土地再利用的基础。目前，国内外对废弃生活垃圾填埋场的生态修复主要采用植被修复的方法，即在污染区域通过栽种特定植物，让植物的根系对土壤中的污染元素进行吸附，再将植物从土壤中移除来消除废弃生活垃圾填埋场的土壤污染。植物的根系在净化土壤污染的同时，植物的地上部分又可以对空气净化、防止填埋场内的粉尘迁移，逐步实现对废弃生活垃圾填埋场的生态修复。

B　填埋场稳定化、稳定化程度及稳定化周期

a　填埋场稳定化

填埋场稳定化既是一个状态词汇，也是一个过程词汇。填埋场稳定化作为过程词汇是填埋场内的垃圾在微生物的作用下不断降解直至达到可降解物质基本达到被完全降解的过程。从微观上讲，就是填埋场内垃圾不断降解的过程。垃圾降解，实质上就是在各种微生物的作用下的复杂有机物的生物降解，包括矿化过程和腐殖化过程。填埋场稳定化作为状态词汇，具有绝对和相对双重含义。绝对意义上的填埋场稳定化是指，生活垃圾填埋场中的有机物全部完全转为无机物时，填埋场才达到了真正意义上的稳定。填埋场中的高分子化合物的分解耗时较多，要达到真正意义上的稳定，可能需要上万年的时间。因此，绝对意义上的填埋场稳定化并不具备实际可运用性。本书讨论的填埋场稳定化是相对意义上的填埋场稳定化，也就是当垃圾中的可降解物质（食品、纸、纤维等）基本降解，垃圾填埋场的地表自然沉降率已经极小时，就可以认为垃圾填埋场已经达到稳定化。通常来说，对垃圾填埋场的稳定化评价因素分为宏观因素和微观因素。其中宏观因素包括垃圾填埋年限、场地沉降指标等；微观因素包括 BDM 含量、填埋气体甲烷含量、渗滤液 COD 值等。通常认为填埋场场地表面沉降小于 2mm/a 时，即达到最终稳定。垃圾填埋场稳定化状态是指垃圾场内垃圾的可降解有机组分达到矿化，垃圾层基本无气体产生，场地表面自然沉降停止。垃圾填埋场稳定化后，其对环境的影响将降至最低，场地达到最稳定的状态，地块再利用的安全性最高。

b　稳定化程度

稳定化程度用以描述生活垃圾填埋场封场后的稳定化进程，通常以定性方式来表示，比如低度稳定化、中度稳定化和高度稳定化。通常，封场年限越久，填埋场稳定化程度越高，场地越稳定，土地再利用的安全性越高。上文提到的填埋场稳定化实质为高度稳定化，其场内垃圾层已基本无气体产生，场地表面自然沉降停止，土地再利用安全性达到最高。

c 稳定化周期

从垃圾进入填埋场，然后覆土，再到封场，最后填埋场达到稳定化的过程称作稳定化周期。填埋场达到相应的稳定化程度是地块再利用的先决条件。填埋场本身是巨大的污染源，其在封场后依然将在一段时期内持续产生渗滤液和填埋气体，稳定化周期的长短直接影响到废弃生活垃圾填埋场的土地再利用时间，是关键的影响因素之一。

通常来说，垃圾填埋场直到封场之前仍处于运作状态，在填埋场封场前始终有持续的新垃圾投入到填埋坑内，故以最后一批垃圾进入填埋场为稳定化周期的起始时间，也就是从封场的时间点开始计算。在中国，有研究人员对生活垃圾填埋场的稳定化过程进行了研究，结果显示，填埋场封场后的 2~3 年填埋场会出现大幅度的沉降，即处于低度稳定化程度，封场时间越久沉降量越小，基本在22~25 年沉降量就减至几毫米以内，填埋场进入稳定化阶段，即达到高度稳定化程度。

C 土地再利用

废弃生活垃圾填埋场经过封场和达到相应的稳定化程度后，就可以在合理的开发方式下对填埋场进行土地再利用。此时，可根据需求开展基础设施建设、景观建设等工作。通常这类项目由于工程量较大，会采用分期建设的原则，比如纽约斯塔滕岛清泉公园，采用了总工期 30 年，3 个阶段分步实施的措施，先完成交通等基础设施，然后建造商业项目，最后将公园对游客分期开放。

8.3.2 区域因素

生活垃圾填埋场在本体和所在区位上产生的不同是影响废弃生活垃圾填埋场土地再利用的区域因素。

8.3.2.1 地块本体差异因素

地块本体差异因素是指，废弃生活填埋场地块内部的、相对独立的因素，包括地块自身基本情况、终场覆盖植被层厚度、填埋场稳定化周期、填埋场稳定化程度等因素。废弃生活垃圾填埋场的地块本体差异因素是地块进行再利用的最基础的分析资料，这些因素塑造了地块的性格，是地块再利用的基本条件，也是地块再利用的限制因素。在废弃生活垃圾填埋场的土地再利用过程中，应当对这类因素进行首要分析。

A 地块概况

地块概况是指废弃生活垃圾填埋场所处地块的面积、地形、填埋场稳定化程度、动植被情况、水文信息、土壤质量、气候特点、现有景观肌理等基本信息。这类信息从不同角度、不同层面构造了地块最基本的特质，是本体差异因素中最为突出的部分，在本体差异因素中应当作为首要考虑项。

B　终场覆盖植被层厚度

植被层是终场覆盖系统中最上面的一层，分为营养植被层和覆盖支持层，其厚度是地块植物选择的依据，因此对地块的再利用有很直接的影响。世界各国的终场覆盖标准化根据自身国情各有差异，其中最大的差异就是每个国家对终场覆盖系统中对植被层的厚度要求。美国的终场覆盖结构标准规定其终场覆盖系统分为排气层、防渗层、防腐蚀衬层和植被层，其中对植被层的最低标准是营养植被层厚度不小于15cm，覆盖支撑层为厚度不小于45cm、渗透系数小于1×10^{-5}cm/s压实黏土层。德国的终场覆盖系统分层更为详细，从下往上包括平衡层、导气层、矿物密封层、塑料密封层、保护层、排水层和表土层，且对不同级别的垃圾填埋场的终场覆盖系统给出了不同的标准。一级填埋场和二级填埋场的植被层都必须≥100cm。加拿大的终场覆盖系统从下往上依次为排气层、阻隔层、次级防渗层、摩擦层、初级防渗层、排水层、表层土（与本书讨论的植物层为同一概念）和植被层（指植物本身，和本书中的植被层不是同一个概念），植被层厚度不小于30cm。新西兰对终场覆盖的要求规定植被层厚度不应小于15cm。澳大利亚也规定植被层厚度不小于15cm。我国规定植被层中的营养植被层厚度应大于15cm，覆盖支撑土层厚度应大于45cm。植被层厚度主要由三个因素决定：一是当地的自然气候等因素下地域性植被生长所需要的土壤厚度——不同地域下由于气候环境等因素的不同，地域性植物会有较大的差异，植物生长所需要的土壤厚度也会各异；二是废弃生活垃圾填埋场地块的土地再利用——不同的土地再利用对垃圾填埋场终场覆盖系统中的植被层厚度承载力的需要有较大的区别；三是资金和技术的限制。从这里看出，植被层厚度和地块的土地再利用实质上并非简单地由一者决定另一者的关系，而是相互制约、彼此影响、互为依据的。在具体分析中，应反复多方权衡，做出最合理的决定，避免造成土壤资源的浪费和土地再利用率的降低。

C　填埋场稳定化周期

填埋场的稳定化周期长短直接影响地块再利用的时间点，对其进行有效的预测会对废弃生活垃圾填埋场的土地再利用提供有利的时间参照。填埋场的稳定化周期的长短取决于封场后场内垃圾降解的速度，可以从宏观和微观两个方面来进行分析。从宏观层面看，生活垃圾填埋场封场后的稳定化周期的长短主要由垃圾填埋场的面积、最终的垃圾填埋量以及填埋时的作业方式来决定。相关研究表明，填埋场面积大、垃圾填埋量多、填埋作业时对垃圾的粉碎程度低，则封场后垃圾填埋场的稳定化周期长；反之，垃圾填埋场的稳定化周期短。从微观层面上看，生活降解就是垃圾在填埋场内进行的物理、生物和化学反应，而这些反应的速度就决定了废弃生活垃圾填埋场的稳定化周期的长短。因此，垃圾含水量、降解温度、垃圾组分会对废弃垃圾填埋场的稳定化周期产生影响。

　　a　垃圾含水量

　　在降解过程中，垃圾中的可溶性有机物溶解于水，垃圾中水分含量的增加，将加快垃圾中可溶性有机物的降解速度，缩短稳定化周期。因此垃圾降解速度与垃圾中水分的含量有直接的关系——垃圾中的含水量越高，填埋场中的微生物获得的营养物质越多，生长越快，从而使垃圾的降解速度得到提升。在降解过程中，垃圾中的可溶性有机物溶解于水，因此垃圾中水分含量的增加，可以加快垃圾中可溶性有机物的降解速度，缩短稳定化周期。王里奥等人以三峡库区的生活垃圾堆放场为研究对象，分析了垃圾堆放场的稳定化程度，认为含水率是影响垃圾降解速度的重要影响因素。垃圾中含水率的多少与当地的气候条件紧密相连。通常情况下，高温、潮湿的气候特征会促进垃圾的降解速度，使生活垃圾填埋场的稳定化周期缩短。

　　b　垃圾的降解温度

　　垃圾在降解过程中所处环境的温度也与降解速度有紧密联系，温度处于40℃以下时，垃圾的降解速率随温度升高而加快；温度为41℃时，垃圾的降解速率达到最大值；而当温度达到50~60℃时，垃圾降解速率又会下降，呈现相当缓慢的状态。

　　c　垃圾组分

　　垃圾组分指垃圾中各成分所占的比例。垃圾组分的不同会影响填埋场内的垃圾降解速度，蔬果和粮食等食品的降解速度快，而橡胶、塑料等人工高分子合成物的降解速度很缓慢；垃圾中若含有较多的重金属元素（铜、银等）以及合成物，就会使垃圾降解所需的酶失去活性，导致垃圾降解速度降低。由于每个地区的居民组成不同、生活习惯各异，产生的生活垃圾组分也有很大的区别。

　　以我国重庆市为例，万州、涪陵、长寿、开县、巫山、云阳、忠县、巫溪、丰都这几个地区的生活垃圾组分就有很大差异。

　　综上，废弃生活垃圾填埋场的稳定周期长短的影响因素有：宏观上看，垃圾填埋场面积、垃圾填埋量和垃圾填埋时的作业形式；微观上看，垃圾中含水量、垃圾降解温度、垃圾组分。宏观因素与填埋场本身的设计和填埋技术有关，微观因素取决于填埋场所在的地域的气候条件、居民组成和生活习惯等。有相关研究表明，国外的生活垃圾填埋场的稳定化周期一般为25~30年，而我国因为气候条件和垃圾组分的差异，垃圾降解速率普遍高于国外，填埋场稳定化周期也短于国外。

　　D　稳定化程度

　　填埋场稳定化通常指生活垃圾填埋场在封场后达到高度稳定化的程度，其耗时通常需要数十年。现实操作中，由于时间和资金的限制，通常无法等到填埋场完全达到高度稳定化后再进行土地的二次开发利用，而是采取在不同的稳定化程度下进行安全允许范围内的开发再利用方式。因此，生活垃圾填埋场封场后的不同稳定化程度确定了地块的安全级别，决定了地块所能承受的开发形式，直接影响废弃生活垃圾填埋场土地再利用的方式。

8.3.2.2　地块区位差异因素

废弃生活垃圾填埋场地块的本体差异因素是地块再利用的基础因素，而地块的差异因素就是地块再利用的进阶因素，是如何更好、更合理、更高效地实现废弃生活垃圾填埋场的土地再利用问题的必要研究部分。区位理论是关于人类活动占有场所的理论。人类活动多种多样，包括经济、政治、社会等。区位是一个依托土地的特定空间场，人类在这个空间内产生经济、政治或者社会活动，因此区位是在这个特定空间中的社会经济关系的浓缩表征，是一种要素资源。

区位具有以下的几点特征：

（1）唯一性。一方面，任何一个区位都占有独特且唯一的空间位置，两个在空间中完全重合的区位是不可能存在的；另一方面，区位所占的唯一的空间中所含有要素的数量、种类、分布、组合关系以及相互作用关系的总体集合是唯一的，不同区位间的要素可以部分相同，一个区位的要素也可以部分移动或者复制到另一个区位，但对这些要素和这些要素关系的完全移动和复制是不可能的。因此，区位具有唯一性。

（2）相对垄断性。由区位的唯一性可以衍生出区域的相对垄断性特征。由于任何区位都有其唯一的地理空间位置和要素组成，故区位在发展优势、资源组成方面具有相对垄断性。地块区位差异因素主要有地块在城市中的相对位置、地块周边概况以及地块所处区域的发展目标。

A　地块所在区域发展定位

地块所在区域在特定时间段内的发展定位，对于废弃生活垃圾填埋场的在相应时间段内的土地再利用的决策至关重要。区域发展定位的改变对废弃生活垃圾填埋所在地块的最直接的影响就是地块在城市空间中相对位置的改变：若以地理概念的经纬度来衡量某一地块的位置，那么该地块的位置是几乎绝对的、不变的，具有绝对性、恒久性；而以城市空间来衡量某一地块的位置，那么该地块的位置就会随着城市的发展、城市规划布局的变化而发生改变，是相对的、可变的，具有相对性和可变性。本书将这种地块在城市空间中的可变位置定义为地块在城市空间中的相对位置。例如：甲废弃生活垃圾填埋场现处于城市远郊，但在城市规划中该地块所在区域会成为城市新区的核心区域；乙废弃生活垃圾填埋场现处于城市工业区，但在城市规划中该工业区会搬迁，此地块会成为城市近郊的绿地系统组成部分；丙废弃生活垃圾填埋场现处于城市边缘区，在城市规划中该地块所在区域仍将在很长一时间段属于城市边缘区。废弃生活垃圾填埋场在城市空间中相对位置的改变对地块再利用产生的最显著的影响就是地块外部环境的改变和地块土地价值的改变，从而引起地块功能定位的改变。若能综合考虑这些因素，将区域发展的眼光融入废弃生活垃圾填埋场的土地再利用的选择中，废弃生活垃圾填埋场的土地再利用就会呈现出高效、正面的效应，对所在区域的经济发展和文化建设产生积极影响。另一个需要考虑的问题是时间段的契合度问题——废弃的生活垃圾填埋场并不能在封场后立即开展土地的再利用工作，而是需要经过数年的稳定周期，待填埋场稳定后才能进行二次开发利用，那么废弃生活垃圾填埋场的土地再利用的选择就要依据包含该地块的土地再利用时间段内的区域发展定位和区域规划。因此，对废弃生活填埋场的土地再利用起始时间点的准确预判就尤为重要。

B 外部环境

由于废弃生活垃圾填埋场所处的地理位置和城市空间位置的不同，其外部环境会产生很大的差别。任何地块都不是完全独立存在的，外部环境对地块使用方式的影响不可小视。这些差异性因素为地块赋予了独有的优劣势关系网，对地块的合理再利用具有巨大的影响力。地块外部环境的差异性因素主要有气候条件、自然资源分布情况、交通情况、土地利用现状、人口构成、人文风俗和经济状况等。科学、综合地分析这些因素是废弃生活垃圾填埋场土地再利用合理化的前提。地块的外部环境会随着时间而改变，因此在分析这些因素时应具备长远的眼光，考虑到废弃生活垃圾填埋场的土地再利用阶段的地块外部环境。比如如果废弃生活垃圾填埋场在土地再利用阶段其地块在城市空间中的相对位置发生了重大的变化，地块外部的交通情况、土地利用情况、人口构成和经济状况等因素就会随之改变，对该类因素进行有效的预判分析尤为重要。

8.4 应用实例

8.4.1 美国

A 纽约清泉垃圾填埋场

清泉垃圾填埋场（Freshkills Landfills）位于美国纽约市的斯塔滕岛（Staten Island）上，总占地面积 891hm²，西海岸遗留下东南西北 4 座垃圾山，所占面积大约为填埋场总面积的 40%。四座垃圾最终由菲尔德景观设计事务所设计。菲尔德团队将整个公园分为了 5 个区域——综合区、东部公园、北部公园、南部公园和西部公园。综合区占地 40.5hm²，位于整个公园的中心地带，同时也位于园内水系的交汇地带，是公园的核心区域。该区域是整个公园元素分布最多的地方，包括各类活动场地（散步平台、野餐和日光浴的大草坪、皮划艇场地等）、功能性建筑（游客集散中心、会议中心等）和大量展示填埋场历史的场地（艺术馆等），这里建成后将成为整个公园人流量最大的区域。东部公园占地 195hm^2，含有公园的大量基础和设施，设置有一条连接里士满大道和西海岸高速的景观车道。西部公园占地 220hm^2，最大特点是西部垃圾山上设置了纪念"9·11"的巨大的大地艺术纪念碑。北部公园被定位简单、淳朴的拥有广阔栖息地、湿地和溪流的自然景观区域，为游人设置的主要活动是野餐、垂钓等。南部公园占地 172hm^2，被定义为充满活力的活动景观区域，设置了众多的体育活动场地，比如足球场、自行车道等。

公园建设从 2008 年开始，为期 30 年。采取 10 年为一期的三期建设策略。每期建设目标总结如下：

一期（2008~2018 年）。向公众开放综合区、部分南部公园、部分北部公园；完成车道环线并连接到西海岸高速；建设完成首批娱乐基础设施，并投入使用；完成东部垃圾山和西部垃圾山的终场覆盖工程。该阶段完成公园大部分基础设施。

二期（2018~2028 年）。向公众开放东部公园；对综合区、南部公园和北部公园增加娱乐设施、开放空间的建设和生态系统的修复；建设游步道；在公园开放空间建设非营利项目和商业项目。该阶段着重完善公园设施和加强生态系统的修复。

三期（2028~2038 年）。扩张西部公园的自然区域和公共景观区；提升阿瑟溪和公园的连接处景观；继续建设新的自然栖息地。该阶段着重扩大开放面积和增加自然栖息地面积。

清泉垃圾填埋场属于高度工业化的填埋场，拥有一系列的专业系统用以收集和处理垃圾填埋气体和渗滤液，这些设备在清泉垃圾填埋场封场且达到稳定化的这段时间里仍然会投入使用。

清泉垃圾填埋场的填埋气（LFG）系统通过地表以下一系列的管道真空运输填埋气，并用由这些管道连接的地井装置收集气体并控制气体的排放。填埋气体收集后会被燃烧，或者经过处理输往填埋气体再利用工厂来作为国内的能源供给。填埋气、非甲烷有机化合物和其他污染物基本被 100% 消除。填埋气体和它的气味被阻止进入大气层。除了填埋气体的收集和再利用系统，还有安全系统用以防止气体在场内出现迁移。

一旦终场覆盖完成，地表水和雨水将无法进入垃圾堆体，垃圾产生的渗滤液也将大大减小。清泉垃圾填埋场的渗滤液处理系统可以通过密闭、收集和治理的手段在渗滤液再次进入环境前消除其污染性。治理后的渗滤液将被排放进附近的阿瑟溪，其洁净程度高于阿瑟溪水质的洁净度。

B 美国 Tifft 垃圾填埋场

美国对垃圾填埋场进行生态修复的成功案例很多。如位于美国布法罗的 Tifft

（见图 8-2、图 8-3）自然保护区，这个自然保护区位于距离市中心布法罗 3 英里处，建立在垃圾填埋场的上面。公园占地 264 英亩，是鸟、鹿、鱼和其他沼泽生物的栖息地。在保护区捕鱼是可以的，但是大部分的游客都是鸟类观察家、摄影师或是休闲漫步的人们。该公园定位不仅是一个游乐场，还设置了一个项目，力求教育人们对大自然进行保护和介绍当地生态环境方面的知识。

图 8-2　Freshkills 公园

图 8-3　Tifft 自然保护区

8.4.2　韩国兰芝岛填埋场

　　为迎接 2002 年世界杯足球赛，韩国首尔建造了系列公园，其中包括规模最大的公园项目兰芝岛的垃圾填埋场（见图 8-4）治理。兰芝岛在 1978～1993 年间作为首尔地区的垃圾填埋场受到了严重污染，通过改造让垃圾在自然状态下分解，再进行人工干预加速受损生态系统的恢复。其中，作为基础工作的土壤稳定化包括山体斜面护坡工程、上部覆土并建植草地、建设隔水墙阻断垃圾渗沥液向四周渗出并进行污水净化、垃圾填埋场周边环境管理。兰芝岛第一垃圾填埋场总面积为 30.9hm^2，在垃圾山土壤稳定化后在土壤中注入了有施肥效果的微生物，并控制农药和化肥用量，其次选择耐旱草种以减少养护灌溉，最终将其改造成了兼具生态功能的高尔夫球场，球场外其他部分改造成生态观察区和野生植物区。

同时，兰芝岛第二垃圾填埋场改造成为蓝天碧草公园，这里原来是土壤污染最严重的地区，通过一系列的生态修复过程，使其生态环境大为改观，从 2000 年起以这里为中心放生了 3 万多只蝴蝶来帮助植物传粉，促进了岛上生态系统的进一步稳定。

图 8-4　兰芝岛公园

8.4.3　中国

A　香港西草湾垃圾填埋场——西草湾游乐场

西草湾垃圾填埋场占地面积大约 9hm²，运营历史为 1978~1981 年，位于香港观塘区九龙半岛的蓝田地区，服务于整个蓝田地区的东部地区。1981 年西草湾垃圾填埋场停止运营时，其接收的垃圾总量达到 160 万吨，垃圾堆体高达 65m。西草湾垃圾填埋场原本距离城区较远，但随着香港的快速发展，许多重要的基础设施和居住区项目开始在其附近建设。香港地区政府在改建西草湾垃圾填埋场之初，就预测到其周边很快会出现高密度的居住区和商业区，会产生大量的对户外活动空间的需求。今天的西草湾地区周边遍布高密度的居住区和商业区，且交通发达。

西草湾游乐场改建中采用了大量的环保措施：（1）风力发电。场地中设置有风力涡轮，将风力转化为电能，为场地中的道路照明提供能量。（2）太阳能发电。在对场地做了日常分析后，设计师发现西草湾游乐场很适合安装太阳能面板。在场地中的太阳能面板能将光能转化为电能，用作游乐场接待处的照明和电扇能源。（3）地表水、雨水收集再利用。场地内的地表水和雨水收集系统会将场地内的地表水和雨水进行收集，用于场内的草坪灌溉用水。（4）橡胶土。游乐场内游乐设施的基层铺设和防滑垫使用了一种由废旧轮胎为原料制作的可循环利用、透气性好、重量轻的橡胶土材料。

（1）填埋场稳定性程度高。1981 年，西草湾垃圾填埋场封场；1995 年，西草湾游乐场开始建设。14 年来填埋场内垃圾已基本分解完全，地表沉降停止，填埋场达到了良好的稳定性。2004 年，在西草湾填埋场封场 23 年后，西草湾游乐场对外开放，整个场地已经达到高度稳定化。

（2）场地使用率高。西草湾游乐场早上 7 点开门，晚上 11 点关门，常有很多居民到此进行休闲健身，甚至稍远地区的居民也会开车来这里享用游乐设施。这里还是香港棒球协会国家队的练习场地。香港成功将一个废弃垃圾填埋场转变为今天受居民喜欢的使用率极高的游乐场地。

（3）环境策略出色。西草湾游乐场建设的目的：一是改善场地附近的环境；二是提升香港市民的环保意识，为香港的环保事业做贡献。

（4）对区域发展起到了促进作用。西草湾游乐场作为香港首个由垃圾填埋场改建而成的公共游乐场地，不仅为香港的废弃地改建领域做出了示范，也让蓝田地区的人民享受到了出色的户外活动空间，促进了居民的和谐相处和区域发展。

综上，香港西草湾游乐场是我国较早的废弃垃圾填埋场改造再利用案例，其精准的功能定位、良好的场地和设施设置、出色的环境措施使它从开园到现在一直保持着活力满满的状态。西草湾游乐场不仅对香港环保事业的提升做出了贡献，也对蓝田地区的发展起到了促进作用，堪称我国废弃垃圾填埋场土地再利用的典范。

B　杭州天子岭生态公园

杭州天子岭生态公园位于杭州天子岭循环经济产业园区内，由杭州天子岭生活垃圾填埋场填埋库区一期封场后改建而成，其周边仍然属于垃圾处理作业场地。杭州天子岭生活垃圾填埋场位于我国杭州城市北郊的半山石塘村的天子岭山的青龙玛山谷，距离杭州市区 18km，是我国大陆地区首座在国家卫生填埋标准指导下建设的大型生活垃圾填埋场。整个生活垃圾填埋场由垃圾填埋库区、污水收集处理系统、地下防污染系统、环境监测站、沼气发电厂、地磅计量系统和管理生活区组成。1991 年，天子岭生活垃圾填埋场填埋库区一期正式投入使用，2007 年 5 月停止接收垃圾并开始进行封场工程，此时的填埋库区一期的垃圾总填埋量达到了 900 多万吨。2009 年，天子岭生活垃圾填埋场填埋库区一期在封场 2 年后开始建造生态公园。2010 年 3 月，由废弃天子岭生活垃圾填埋场填埋库区一区改建而成的生态公园正式开园。该园总面积 8km²，园内游步道 1400m。生态公园内大面积栽种草坪，布置有游步道、观景亭、天池、环境教育基地等。随着该公园的开放，杭州环境集团推出了"跟着垃圾去旅游项目"，为市民普及废弃生活垃圾填埋的改造再利用、垃圾分类、垃圾处理等相关知识。

杭州天子岭生态公园的主要功能是向市民宣传环保知识和垃圾处理知识，接待的游客主要为学生和社会参观群体（图 8-5）。作者在实地调研中对公园居民进行了访问，所有受访居民都知道位于家门口的杭州天子岭循环经济产业园区，但几乎无人听说过在其内的杭州天子岭生态公园。这也说明，杭州天子岭生态公园服务人群具有范围窄、特定性强的特点。市民享用杭州天子岭公园的难度较大，主要原因为公园可达性差和进入公园的程序复杂，且天子岭生态公园周边偏僻，基本无餐饮等配套设施。

杭州天子岭生态公园是我国首个由大型卫生填埋场的填埋库区改建而成的生态公园，随着其开放而推出的"跟着垃圾去旅游"项目得到了公众的喜爱和肯定，是我国具有代表意义的废弃生活垃圾填埋场改造再利用项目，也成为国内很多相似项目的学习榜样。但由于其定位特殊、可达性差和进入程序复杂，公园的使用率较低。

图 8-5　杭州天子岭废弃物处理总场土地利用

参 考 文 献

［1］李玲，王颋军，唐跃刚．封场非正规垃圾填埋场的场地调查浅析［J］．环境卫生工程，2014，22（2）：59～61.

［2］莫蓁蓁，黄道建．生活垃圾填埋场的场地调查方案要点探讨与研究［J］．广州化工，2015，43（11）：161～162，189.

［3］刘雪锋．城市生活垃圾填埋场封场技术［J］．中国资源综合利用，2017，35（5）：96～99.

［4］蒲敏．污染场地地下水抽出处理技术研究［J］．环境工程，2017，35（4）：6～10.

［5］周际海，黄荣霞，樊后保，等．污染土壤修复技术研究进展［J］．水土保持研究，2016，23（3）：366～372.

［6］温智玄，王艳秋．非正规垃圾填埋场矿化垃圾的综合利用分析［J］．环境与可持续发展，2016，41（3）：80～83.

［7］宋薇，徐长勇，蒲志红．非正规垃圾填埋场治理方案研究［J］．环境卫生工程，2015，23（6）：56～57，60.

［8］冯杨，刘志刚，王保军．好氧稳定化处理技术在垃圾填埋场的应用［J］．东北水利水电，2015，33（8）：49～51.

［9］Peng Y. Perspectives on technology for landfill leachate treatment［J］. Arabian Journal of Chemistry，2013.

［10］张宗正．非正规垃圾填埋场筛分腐殖土的利用研究［J］．环境卫生工程，2014，22（6）：78～80.

［11］Liu L，Li W，Song W，et al. Remediation techniques for heavy metal-contaminated soils：Principles and applicability［J］. Science of the Total Environment，2018，633：206～219.

［12］袁京，杨帆，李国学，等．非正规填埋场矿化垃圾理化性质与资源化利用研究［J］．中国环境科学，2014，34（7）：1811～1817.

［13］龙安华，雷洋，张晖．活化过硫酸盐原位化学氧化修复有机污染土壤和地下水［J］．化学进展，2014，26（5）：898～908.

［14］张艳，白相东，张莹．地下水污染抽出处理技术中抽水井最优布局方案研究［J］．防灾科技学院学报，2013，15（2）：26～29.

［15］Santos A，Firak D S，Emmel A，et al. Evaluation of the Fenton process effectiveness in the remediation of soils contaminated by gasoline：Effect of soil physicochemical properties［J］. Chemosphere，2018，207：154.

［16］刘志刚．好氧生物反应器技术治理某封场非正规垃圾填埋场的工艺设计优化［D］．北京：北京化工大学，2013.

［17］O'Brien P L，Desutter T M，Casey F，et al. Thermal remediation alters soil properties—A review.［J］. Journal of Environmental Management，2018，206：826.

［18］孙晓丹．整村搬迁中建筑垃圾的测算与填埋区确定研究［D］．北京：中国地质大学（北

京），2013.

［19］黄益宗，郝晓伟，雷鸣，等．重金属污染土壤修复技术及其修复实践［J］．农业环境科学学报，2013，32（3）：409~417.

［20］陈丽．生活垃圾填埋场封场主要影响因素分析［D］．武汉：华中科技大学，2013.

［21］高国龙，蒋建国，李梦露．有机物污染土壤热脱附技术研究与应用［J］．环境工程，2012，30（1）：128~131.

［22］Szabó S，Bódis K，Kougias I，et al. A methodology for maximizing the benefits of solar landfills on closed sites［J］．Renewable & Sustainable Energy Reviews，2017，76：1291~1300.

［23］Hira D，Aiko N，Yabuki Y，et al. Impact of aerobic acclimation on the nitrification performance and microbial community of landfill leachate sludge［J］．Journal of Environmental Management，2018，209：188~194.

［24］朱远超．准好氧填埋技术在非正规垃圾填埋场治理中的应用［J］．环境卫生工程，2014，22（6）：48~50，57.

［25］曹丽，陈娜，胡朝辉，等．垃圾填埋场：世界最大的生态修复案例——以武汉市金口垃圾填埋场为例［J］．城市管理与科技，2016（3）：24~27.

［26］曹丽华，吴军，周正伟，等．生活垃圾填埋场的开采及资源化利用［J］．河南科学，2009，27（2）：236~239.

［27］王春风．矿化垃圾的开采、分选及资源化利用探讨［J］．环境卫生工程，2015，23（6）：17~18.

［28］温智玄，王艳秋．非正规垃圾填埋场矿化垃圾的综合利用分析［J］．环境与可持续发展，2016（3）：80~83.

［29］淦方茂，张锋．非正规垃圾填埋场的危害及治理技术选择［J］．能源与环境科学，2014：153~154.

［30］宋周兵．简易垃圾填埋场治理方案［J］．环境卫生工程，2016，24（2）：71~73.

［31］李玲，喻晓，王颢军，等．武汉金口垃圾填埋场对地下水环境的影响分析［J］．环境污染与防治，2016，38（2）：7~12.

［32］李雄．填埋场不同填埋龄城市生活垃圾开采、变化规律及资源化利用研究［D］．上海：同济大学，2006.

［33］Kjeldsen P，Barlaz M A，Rooker A P，et al. Present and Long-term Compositon of MSW Landfill Leachate：A Review［J］．Environmental Science and Technology，2002：297~336.

［34］Wiley Assadi B. J. B. &. Redevelopment Potential of Landfills：A Case Study of Six New Jersey Projects［C］// Federation of New York Solid Waste Associations Solid Waste/Recycling Conference. Lake Georege，NY. 2002.

［35］康汉起，吴海泳．寻找失落的家园——韩国首尔市兰芝岛世界杯公园生态修复设计［J］．中国园林，2007（8）：55~61.

［36］申申．西班牙 Vall d'en Joan 垃圾填埋场景观再造［J］．城市环境设计，2007（3）.

［37］王云才，赵岩. 美国城市工业废弃地景观再生的经验与启示［J］. 南方建筑，2011（3）：22～26.

［38］魏青. 世界十大垃圾场地变旅游胜地［J］. 环境，2009（9）：84～85.

［39］张昊旻. 废弃生活垃圾填埋场土地再利用研究［D］. 重庆：西南大学，2015.

［40］Duffy D P. MSW Processing Past, Present, and Future［J］. The Journal for Municipal Solid Waste Professionals，2008.